KB108204

대한민국 출산·출생
팩트체크 문답

대한민국 출산·출생 팩트체크 문답

발행일 2024년 2월 23일

지은이 박기묵 양민희 송정훈 강지윤
펴낸이 손형국
펴낸곳 (주)북랩
편집인 선일영 편집 김은수, 배진용, 김부경, 김다빈
디자인 이현수, 김민하, 임진형, 안유경, 최성경 제작 박기성, 구성우, 이창영, 배상진
마케팅 김회란, 박진관
출판등록 2004. 12. 1(제2012-000051호)
주소 서울특별시 금천구 가산디지털 1로 168, 우림라이온스밸리 B동 B113~114호, C동 B101호
홈페이지 www.book.co.kr
전화번호 (02)2026-5777 팩스 (02)3159-9637

ISBN 979-11-93716-82-3 03590 (종이책) 979-11-93716-83-0 05590 (전자책)

저출산 문제 해결을 위한 **9가지 문답과 해법**

대한민국 출산·출생 팩트체크 문답

박기묵·양민희·송정훈·강지윤 지음

저출산 위기의 초읽기에 들어간 대한민국
골든타임을 놓치지 않기 위해
지금 취해야 할 행동은 무엇인가!

대한민국 출산·출생
팩트체크 문답

목차

프롤로그

이야기를 모으며

'하나만 낳아 잘 기르자'라는 시절이 있었습니다. 인구가 너무 많아 딸, 아들 구별 말고 둘만 낳아 잘 기르자 했습니다. 둘도 많았습니다. 40여 년이 지난 지금 '제발 하나라도 낳아 달라'고 애원합니다. 2022년 대한민국 합계출산율 0.78명. 이 수치는 통계청이 출생 통계를 제공하기 시작한 이래 처음 보는 숫자였습니다.

여성이 평균 1명의 아이도 낳지 않은 시대에 살고 있는 우리. 매일 쏟아지는 인구 위기 보도로 터전을 잃을 수 있다는 위기감을 마주하며 살아가지만, 그것이 사실인지 따로 확인하기 어려운 실정입니다. 진실을 파헤치는 기자이기 이전에 대한민국을 살아가는 한 사람으로 우리는 묻고, 또 물어야 했습니다.

세계적으로 유례없는 초저출생 상황에 미국 언론 뉴욕타임스는 한국의 인구 감소를 두고 중세 시대 유럽 인구 40% 이상의 생명을 앗아간 '흑사병 팬데믹'에 견줬습니다. 데이비드 콜먼 영국 옥스퍼드대 명예교수는 "한국은 인구 소멸 1호 국가가 될 것입니다"라며 "이대로라면 한국은 2750년 국가가 소멸할 위험이 있습니다"라고 경고했습니다. 1명이 채 안 되는 한국 출산율을 들은 한 미국 대학 교수가 "대한민국 완전히 망했네요. 와!"라며 양손으로 머리를 부여잡는 모습은 아직도 생생합니다.

정부는 저출산 대책으로 돌봄과 교육, 일 가정의 양립, 주거 지원, 양육비용 지원, 난임 건강 등 각종 문제해결을 위한 특단의 대책을 내고 있지만 아직 백약이 무효입니다. 도대체 어디서부터 어떻게 잘못된 걸까요. 우리는 저출산 해결의 실마리를 찾기 위해 간절한 마음으로 진실에 다가갔습니다.

국내외 전문가 대담은 한국과 스웨덴 스톡홀름, 프랑스 파리를 오가면서 진행됐습니다. 스웨덴과 프랑스는 저출산 해결에 모범 국가로 손꼽힙니다. 각 분야의 전문가 인터뷰와 공신력 있는 자료를 분석했습니다. 이를 토대로 저희는 저출산 관련 이슈를 종합 검증해 노컷뉴스에서 〈2024 대한민국 출산·출생 팩트체크 문답〉을 9차례에 걸쳐 보도했습니다.

기사 안에 담지 못했던 이야기가 있었습니다. 뉴스라는 형식에서 소화하기 힘들었던 내용들이 아쉬웠습니다. 저출산 해결을 위해 드리고 싶은 말은 많은데 어떻게 할지 방법을 고민했습니다. 그런 저희의 고민과 이야기를 담아 한 권의 책이 됐습니다. 이 책에서 저희가 확인하고 느꼈던 모든 내용을 풀어내 볼까 합니다. 인구 위기의 골든타임을 놓치지 않으려는 염원이 담긴 이 책이 대한민국 저출산 해법의 소중한 단서가 되길 바랍니다.

저희와 한국의 인구 절벽 문제를 심각하게 고민하고 답을 찾기 위해 함께 머리 맞대주신 모든 분에게 마음을 담아 감사드립니다.

2024년 1월 목동에서

박기묵

양민희

송정훈

강지윤

* 이 책은 한국언론학회와 서울대학교 언론정보연구소 SNU팩트체크센터의 「팩트체킹 취재보도 지원 사업」 지원금으로 발간되었습니다.

대한민국 출산·출생
팩트체크 문답

대한민국은 인구 소멸 국가일까요?

답 01.

"저출산 현상이 지속된다면 수식적으로 한국은 인구가 소멸할 수 있습니다."

서울 시내 한 초등학교에서 학생들이 등교하고 있는 모습. ©노컷뉴스

"이대로라면 한국은 2750년 국가가 완전히 소멸할 위험이 있습니다."

과거 한국을 인구 소멸 국가 1호로 지목하며 인구 위기를 상기시켰던 데이비드 콜먼 옥스퍼드대학교 명예교수가 2023년 또다시 경고의 메시지를 남겼습니다. 한국은 인류 역사상 가장 빠른 경제 성장을 달성했지만, 그 대가로 이를 물려줄 다음 세대가 없어졌다는 것입니다. 실제 그가 UN 포럼에서 처음 한국을 인구 소멸 국가 1호로 지목한 2006년 당시만 해도 한국의 합계출산율은 1.13명이었지만, 2022년 한국의 합계출산율은 0.78명까지 내려앉았습니다.

한국은 정말 인구 감소로 미래에 소멸할 수도 있을까요. 전문가들은 현재와 같이 인구대체수준(2.1명) 이하의 저출산 현상이 지속된다면 수식적으로 한국 인구는 소멸할 수도 있다고 지적합니다. 다만 정책적 변화와 함께 여러 변곡점이 올 수 있다면서 미래를 위해 수백 년 후의 일을 확언하는 것은 지양해야 한다고 조언하고 있습니다. 국가인구 소멸이라는 전망이 나오려면 저출산 추세가 계속된다는 전제가 먼저라는 것입니다.

한국 소멸?… "수식으로는 맞지만, 실현은 별개"

인구 유지·사회 지속을 위한 합계출산율 2.1명. 경제협력개발기구(OECD)는 합계출산율 2.1명 이하인 나라를 저출산 국가로 분류하는데, 한국은 이미 1983년부터 합계출산율 2.06명을 기록하며 약 40년 가까이 인구대체수준(대체출산율) 이하의 저출산 현상을 겪고 있습니다. 통계청의 〈인구 동향 조사〉에 따르면 1970년 합계출산율은 4.53명으로 1973년까지 4명대를 유지하다가 이듬해 합계출산율 3.77로 급락하며 첫 3명대로 진입합니다. 1977년에는 합계출산율 2.99명을 기록하면서 처음 2명대로 진입했고 하락세가 이어지며 약 40년째 저출산 국가라는 불명예를 안고 있습니다.

출산율이 계속 하락하는 것에 대해 한국 통계청은 어떻게 판단하고 있을까요. 임영일 통계청 인구동향과장은 지금의 상황이 좋지 않은 편이라며 혼인도 감소하고 출산도 안 하는 추세라고 밝혔습니다. 다만 장기적으로 봤을 때 출산율이 계속 감소하면 반등은 있으므로 향후 어느 정도는 회복할 것으로 전망했습니다.

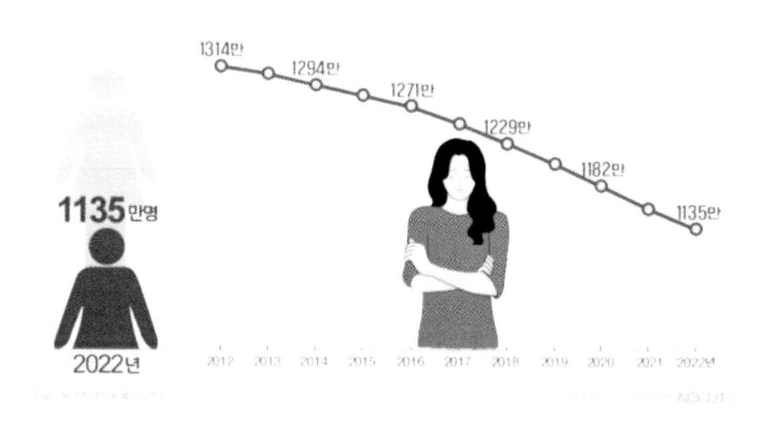

통계청 자료로 본 가임기 여성(만 15~49세) 인구 추이. ⓒ노컷뉴스

출산율 반등이 빨리 오지 않으면 인구 위기가 심화할 수 있다는 지적도 나옵니다. 이재희 육아정책연구소 저출생 육아지원팀장은 현재 저출산 문제가 위태로운 건 맞고 위기 상황이라며 지금 개선하지 않고 향후 5년 안에 합계출산율 반등이 없으면 인구가 심각하게 감소할 것이라고 예상했습니다. 특히 합계출산율이 0.5명 이하로 떨어지면 반등은 어려울 것이라는 암울한 분석을 내놓기도 했습니다.

이 팀장은 인구 데드크로스 현상이 현재 시점에선 반전되긴 어려울 것이라며 "60~70만 명씩 태어난 90년대생들이 출산을 해야 하는데, 아니라면 어려울 것입니다"라고 밝혔습니다. 이 팀장의 언급대로라면 2000년대생들이 50만 명이 안 되니 인구 데드크로스 반전은 어렵습니다. 인구수가 2천만 명 이하로 떨어지는 게 50년도 안 걸릴 수도 있는 것입니다. 이는 가임기 여성 인구의 절댓값이 줄어들었기 때문에 미래 출생아 수는 더 줄어들 것이라는 전망에서 비롯된 예측입니다.

실제 만 15세부터 49세의 가임기 여성 인구는 2002년 고점을 찍은 후 매년 감소하고 있습니다. 통계청의 〈주민 등록 인구 현황〉에 따르면 지난해 주민 등록이 된 가임기 여성 수는 관련 통계가 작성된 이래 최저 수준인 1,135만 184만 명을 기록했습니다. 이는 매년 줄어들던 가임기 여성 인구수가 10년 새 약 180만 명 감소한 수치입니다. 구체적으로 10년 전인 2012년 1,314만 3,710명과 비교해 보면 무려 179만 3,526명이 줄었습니다. 이런 가임기 여성 인구 감소는 한국의 저출산 문제를 심화하는 결과를 가져올 수도 있습니다. 실제 미래 신생아 수를 예상 가임기 여성 인구에 예상 합계출산율을 곱해 산출하기 때문입니다.

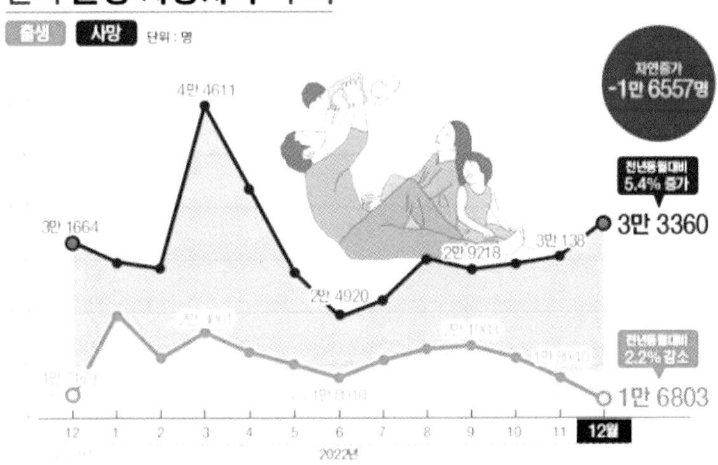

통계청 자료로 본 2022년 전국 출생·사망자 수 추이. ©노컷뉴스

2020년 한국은 역사상 처음으로 사망자 수가 출생자 수보다 많아지면서 전년 대비 인구가 자연 감소하는 인구 데드크로스 현상을 경험하기도 했습니다. 통계청의 〈2020년 출생 통계·사망 원인 통계 결과〉에 따르면 2020년 출생아 수는 27만 2,377명, 사망자 수는 30만 4,948명이었습니다. 3만 2,571명 차이로 사망자 수가 출생자 수를 앞서면서 첫 인구 감소가 발생한 것입니다. 사망자 수가 2019년보다 3% 증가했지만, 전체 출생률은 10% 감소하면서 생긴 결과입니다. 연간 기준으로 한국의 인구 데드크로스 현상은 2020년 첫 발생한 이후 2022년까지 3년 연속 이어지고 있습니다.

이상림 한국보건사회연구원 연구위원은 통계적으로 현재 같은 추세가 이어진다면 한국이 소멸할 수 있냐는 질문에 수식적으로 맞다는 의견을 내놓았지만, 실현되느냐는 별개의 문제라고 밝혔습니다. 장기적 초저출산 상황이 지속된다면 우리나라 인구가 제로가 돼 망하는 게 아니라 다른 이유로 망할 것이라는 예상입니다. 현재와 같이 저출산이 이어진다면 수식적으로 한국이 소멸할 수 있지만, 그전에 이미 사회적 문제가 발생하며 국가로서의 의미가 먼저 사라질 것이란 뜻입니다.

이 연구위원은 성공만을 추구하는 우리 사회 분위기가 결혼과 출산을 포기하게 만드는 요인이라는 분석도 내놓았습니다. 그는 저출산이 우리나라의 여러 종합적인 특성 때문이라고 지적하며 "우리 사회는 성공하기 위한 규범이 굉장히 센데 그렇게 할 수 있는 사람은 극소수에 불과하다"라고 밝혔습니다.

한국 소멸 논쟁… 학계는 "관심 없다"

학계에서는 한국 소멸 논쟁이 비생산적이라는 입장입니다. 김조은 KDI 국제정책대학원 교수는 "인구소멸과 관련해 언론은 관심이 있겠지만, 학계는 없습니다. 이보다는 생산가능인구 대비 부양인구가 늘어나면서 생기는 경제적·정치적 문제가 더 심각한 상태입니다"라고 밝혔습니다. 그는 인구 소멸까지는 몇백 년이 걸릴 것이라면서 "이민이 안 일어나고 기대수명이 늘어나야 결국 소멸이 되는 것입니다"라고 덧붙였습니다. 무엇보다 소멸 논쟁보다는 부양인구 증가에 따른 국민연금 개혁 등을 논의하는 게 더 좋을 것이라고 조언했습니다. 현실적 대안을 찾는 게 더 낫다는 것입니다.

인구 감소로 한국이 소멸할 것이라는 주장은 과장된 것이라는 의견도 나왔습니다. 이윤석 서울시립대학교 도시사회학과 교수는 인구변화의 3요소가 출산, 사망, 이동으로 경제적으로 안정된 국가들은 대부분 낮은 출산율과 낮은 사망률 때문에 자연적 변화 부분은 감소한다고 밝혔습니다. 그렇지만 이러한 국가의 인구 수준에 가장 큰 영향을 주는 요소는 국제적 이동이라며 "현재 한국은 수출지향적 경제구조 그리고 K-culture 등으로 외국인들이 많이 이주하고 싶은 나라"라고 밝혔습니다.

이 교수는 정책적으로 이민을 적극적으로 받아들이지 않아서 실제 유입되는 수는 그리 크지 않을 뿐이라며 "이런 상황에서 인구소멸은 인구변화를 자연적 차원에서만 이해하는 단편적 사고방식입니다"라고 지적했습니다.

문답 속 일문일답 ①

계봉오 국민대학교 사회학과 교수

Q 데이비드 콜먼 교수의 대한민국 2750년 소멸 전망, 어떻게 생각하시나요?

A 그거는 저도 얘기할 수 있는 건데 하나 마나 한 소리인 것 같습니다. 애를 얼마나 낳을지 모르는 얘기인데, 그냥 재미 삼아 하는 것이고 그분이 발표할 때도 추계의 방법, 그 과정이 중요한 겁니다. 현재 추세가 지속된다는 가정(假定)이 강조가 안 되고 뒤에 얘기(2750년 소멸)만 강조가 되면 아무 의미가 없습니다. 현재 출산율이 낮다고 얘기하는 것이지, 대한민국이 소멸하리라는 것은 아무 의미가 없는 얘기인데, 지금 언론에서 그것만 너무 소비되는 것 같아서 그런 얘기를 안 하는 게 생산적이지 않을까요.

소멸이 될지도 안 될지도 모르는 건데 그냥 콜먼 교수의 얘기는 출산 수준이 얼마나 낮은지를 보여주는 지표로서 의미가 있는 것이지, 실제로 인구 규모가 어떻게 되는지에 대해서는 별로 정보를 제공하지 못한다고 생각하고 있습니다. 저는 문제가 잘못됐다고 생각합니다. '의미 없는 얘기다. 할 필요가 없는 얘기 아니냐'라고 생각합니다.

Q 합계출산율 하락 속도가 매우 빠른 대한민국만의 특성이 따로 있을까요?

A 지금 출산율이 굉장히 낮은 나라들을 보면 대체로 가족의 가치, 가족 중심주의적인 가치가 강한 나라들입니다. 예를 들면 남유럽이라든지 동아시아라든지 이런 나라들은 가족 중심으로 생활이 돌아가는데, 그런 나라들이 상대적으로 가족에 부여하는 가치가 상대적으로 좀 덜한 유럽이나 북미보다 훨씬 출산율이 떨어져 있습니다. 설명이 복잡할 수는 있을 것 같긴 한데 가족 중심주의적으로 사회가 구성돼 있는 게 출산율을 낮추는 데 중요한 원인 중 하나가 아니겠냐고 이제 추측하고 있습니다.

한국의 빠른 인구 감소 이유는?…"가족주의"

서울 광화문광장 바닥분수에서 놀고 있는 어린이들의 모습. ⓒ노컷뉴스

인구 위기 지표이자 초저출산 국가 기준이 되는 합계출산율은 1.3명입니다. 통계청의 〈인구 동향 조사〉를 살펴보면 한국은 2001년 합계출산율 1.3명을 기록한 이후 반등한 적이 없습니다. 2002년 1.20명이고 2003년부터는 아예 1.1명 대로 내려앉았습니다. 문제는 한국이 다른 나라보다 합계출산율 급락 속도가 매우 빠르다는 것입니다.

유엔의 〈세계 인구 전망(1950년~)〉을 활용해 한국과 일본을 비교해 보면, 한국은 합계출산율 2명대에서 1.3명 아래로 떨어지는 데

걸린 시간은 25년, 일본은 43년입니다. 심지어 일본은 1993~1995년 3년간 합계출산율 1.2명 대를 기록한 이후 1.3명 대로 반등시켰고 1.5명 대까지 합계출산율이 회복됐습니다. 초저출산 국가 불명예를 떨쳐낸 것입니다.

우리나라 통계청과 일본 후생노동성의 합계출산율 통계를 비교하면 하락세 속도 차이가 더 벌어집니다. 우리나라 통계청 자료에 따르면 한국은 1977년 합계출산율 2.99명을 기록하며 첫 2명대에 진입했고 1.3명 아래로 떨어지게 된 건 2002년입니다. 일본 후생노동성 통계에서 일본은 1952년(쇼와 27년) 합계출산율 2.98명을 기록하며 첫 2명대에 진입하고, 1.3명 아래로 떨어지게 된 건 2003년(헤이세이 15년)입니다.

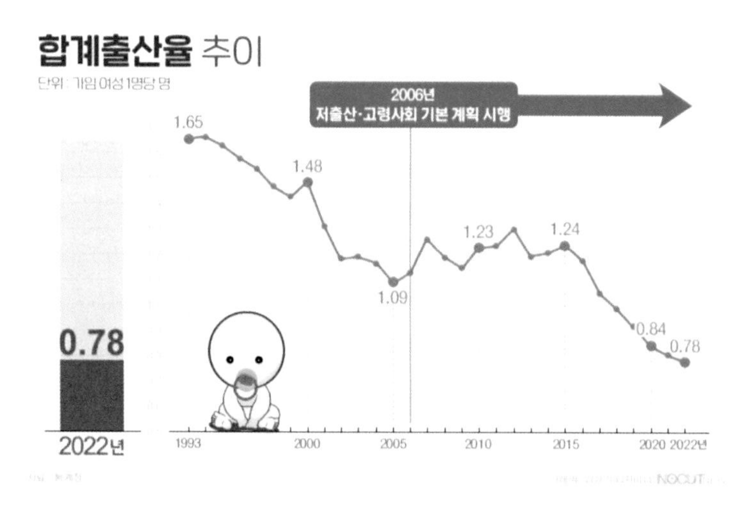

통계청 자료로 본 합계출산율 추이. ©노컷뉴스

전문가들은 한국의 급락이 빠른 이유가 개인 가치관의 변화 때문이라고 진단했습니다. 김중백 경희대학교 사회학과 교수는 가부장적-성장 중심적 가치관에서 남녀평등-인간중심 가치관으로 시간에 따라 자연스럽게 넘어갔어야 하는데, 한국은 빠르게 발전하다 보니 새로운 가족문화가 정착되기 전에 문제가 발생했다고 진단했습니다. 그는 다른 나라가 이민을 통해 저출산 문제를 해결했다면서 한국은 사실상 섬나라로 주변국과 좋은 관계도 아니고 단일민족이었기 때문에 이민을 통한 출산율 해결은 어려울 것이라고 밝혔습니다.

특히 한국의 혼외출산율이 매우 낮은 편이라면서 한국은 2~3% 사이인데 OECD 평균은 30%~40% 정도로 이 부분도 큰 영향을 줬다고 분석했습니다. 경제적 문제 못지않게 문화적인 측면도 영향을 미쳤다는 것입니다.

문답 속 일문일답 ②

김중백 경희대학교 사회학과 교수

Q 우리나라가 다른 나라에 비해 합계출산율 급락 속도가 매우 빠른데 따로 이유가 있을까요.

A 너무 여러 가지가 있습니다. 기본적으로 개인의 가치관이 빨리 변한 게 큰 이유입니다. 전통적인 가부장적-성장 중심적 가치관과 남녀평등-인간중심 가치관이 시간에 따라 자연스럽게 넘어갔어야 하는데, 우리나라의 경우 빠르게 발전하다 보니 새로운 가족문화 내지는 남녀평등 관계가 정착되기 전에 이런 문제가 발생했습니다.

또한 혼외출산율이 굉장히 낮습니다. 우리나라는 2~3% 사이인데, OECD 평균은 30%~40% 정도입니다. 그것도 큰 영향을 준 것 같습니다. '집이 없다.', '직장이 없다.' 이런 부분도 영향을 주긴 하지만, 그런 부분 못지않게 문화적인 측면이 크다고 생각합니다.

Q 한국이 소멸할 수 있다는 전망, 어떻게 생각하시나요?

A 상징적인 의미입니다. 그만큼 심각한 상황에 있기 때문입니다. 정책에 우선순위가 있지만, 그만큼 최우선에 둬야 한다는 의미입니다. 상징적 의미로 받아들여야지 실제 소멸의 의미로 받아들일 필요는 없습니다.

Q 저출산 문제 어떻게 해결해야 할까요?

A 결론적으로 저출산 문제해결이 다른 것을 늦출 만큼 중요한 것인지를 결정해야 합니다. 따뜻한 아이스 아메리카노는 없습니다. 동시에 해결할 수 없습니다. 선거에 이겨야 해서 결정을 못 하겠다는 식으로 하면 안 됩니다. 그렇게 하면 역사의 죄인이 되는 것입니다.

서울 한 초등학교에서 학생들이 등교하고 있는 모습. ©노컷뉴스

한국의 가족주의적 시스템이 오히려 출산율을 하락시켰다는 의견도 나옵니다. 계봉오 국민대학교 사회학과 교수는 전통적으로는 가족 간 끈끈함이 출산율을 증가시키는 데 긍정적 영향을 줬지만, 현재는 가족을 짐으로 느끼는 젊은 세대가 존재한다고 밝혔습니다. 계 교수는 "가족주의가 오히려 출산율 하락을 가속하는 게 아니냐는 의견이 있는데, 상대적으로 동의하는 편입니다"라고 말했습니다. 전문가 의견을 종합하면 한국의 사회가 가부장적·가족 중심주의적으로 구성이 돼 있는 것도 출산율을 낮추는 원인이 됐습니다.

문답 속 일문일답 ③

이상림 한국보건사회연구원 연구위원

Q 대한민국 합계출산율 하락 속도가 매우 빠른데 이유가 있을까요?

A 청년들이 체감하는 게 더 어렵다는 것을 보여주는 겁니다. 우리는 대학 졸업 후 직장을 가지고 결혼해서 아이를 낳고 집을 사는 과정이 일반적인 루트인데, 그 루트에서 청년들은 일행이 될 수가 없는 거예요. 다른 예를 들면 지금 우리나라 구조는 20대 중후반에 사회에 진출해 돈을 모아 50·60대에 은퇴해서 노후를 준비해야 하는데, 그 기간 모은 돈으로 노후를 준비할 수 없어요. 지금 우리가 가고 있는 루트는 규범적인 루트를 충족시킬 수가 없는 체제입니다. 청년들이 결혼해서 애를 낳고 근로소득으로 집을 산다는 건 있을 수 없는 일입니다.

문답 속 일문일답 ④

이재희 육아정책연구소 저출생 육아지원팀장

Q 다른 나라에 비해 한국의 합계출산율 하락 속도가 빠른 이유가 무엇일까요?

A IMF 이후 사회적 신뢰가 상당히 무너져 저출산 정책을 펴도 시민들의 호응이 떨어집니다. 정책으로 인한 장점을 체감하지 못합니다. 체면을 중시하는 우리나라 문화 특성상 자녀가 본인의 위상을 보여주는 장식품으로 여겨집니다. 그렇다 보니 낳아서 투자를 많이 하고 그 비용이 고스란히 가계 부담으로 이어집니다. 그러니 적게 낳게 됩니다.

저출산 위기 겪었던 스웨덴…출산율 반등 핵심은?

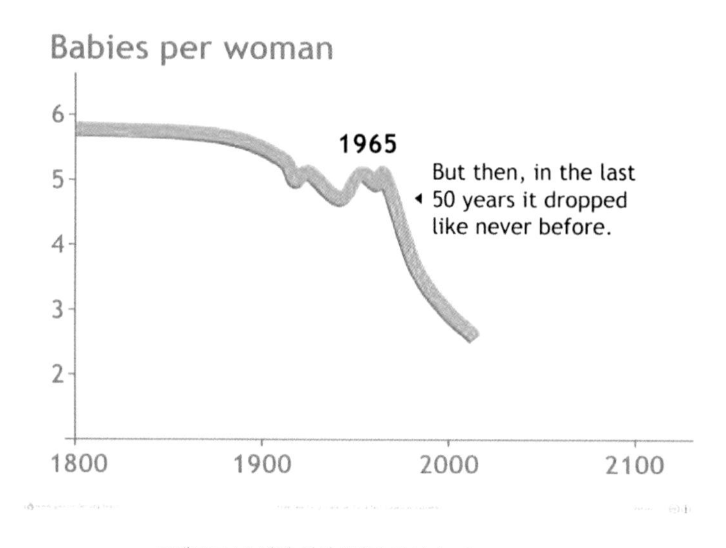

그래프로 본 세계 여성 1명당 아이 수. ©Gapminder

1960~70년대 출산율 급락은 한국만의 문제는 아니었던 것으로 보입니다. 스웨덴 갭마인더(Gapminder) 재단의 〈합계출산율 통계 분석〉 자료를 살펴보면 세계적으로 1800년대 여성들은 한 명당 약 6명의 아이를 출산했습니다. 이런 상황은 1965년(여성 1명당 5명)까지 이어졌지만 이후 전례 없이 급락하며 21세기에 들어서 더 위기를 맞았습니다. 갭마인더 재단은 전 세계 모든 지역에서 출생아 수가 감소하고 있지만, 정확히 같은 시기에 같은 방식으로 감소하지는 않았다고 진단했습니다. 또 아프리카와 아시아의 감소는 늦게 시작됐지만, 미주와 유럽보다 빠르다는 점을 주목하며 현재의 추세가 계속된다면 21세기 말에는 전 세계에서 여성 한 명당 두 명의 아기를 낳을 것으로 예상된다고 전망했습니다.

정재훈 서울여자대학교 사회복지학과 교수는 한국이 압축적 근대화 과정에서 물질적 성장은 했지만, 만족도가 못 따라오며 불일치가 나타났다고 진단했습니다. 소득은 높아졌는데 만족도는 떨어지는 것이 큰 문제인 것입니다. 특히 한국은 경제적 격차가 심해지며 그걸 메워줄 사회보장제도가 못 좇아왔다고 지적했습니다.

실제 복지국가의 경우 70~80년대에 이런 격차에 대응할 수 있는 보장제도가 있었고, 여성의 사회참여가 확대됐지만, 사회적 돌봄 체계가 없어 가족이냐, 경력이냐의 기로에 서게 됐습니다. 그러나 이후 성평등, 사회적 돌봄 체계, 사회보장제도 등이 추가되면서 출산율이 올라갔습니다. 다시 말해 한국은 급격한 경제 성장을 이룬 뒤 이를 뒷받침할 제도적 장치가 미흡했지만, 다른 복지국가들은 사회보장제도, 성평등이 자리 잡으면서 출산율 반등의 계기를 모색했다는 뜻입니다.

문답 속 일문일답 ⑤

정재훈 서울여자대학교 사회복지학과 교수

Q 2750년 한국 소멸 전망, 어떻게 생각하시나요.

A 소멸이야 되겠습니까. 이주나 이런 걸로 다양하게 갈 것 같습니다. 지금은 일종의 한국 사회가 과도기 내지는 이행기입니다. 앞으로 어떻게 진행되느냐가 중요합니다.

Q 우리나라가 다른 나라에 비해 합계출산율 급락 속도가 빠른데 그 이유가 무엇일까요.

A 우리나라는 압축적 응결(성장)을 했습니다. 문제도 압축적으로 터져 나오는 것입니다. 경제 성장을 이루고 소득이 증가하면 출산율이 줄게 돼 있습니다. 그런 나라들을 보면 물질적 생활 조건이 좋아지면서 삶의 질, 만족도가 유지되며 출산율이 낮아져도 두 명이나 두 명 아래로 내려갑니다.

우리나라는 압축적 근대화 과정에서 물질적 성장은 했지만, 만족도가 못 따라오며 불일치가 나타났습니다. 소득은 높아졌는데 만족도는 떨어지는 것이 가장 큰 문제입니다. 경제적 격차도 심해지다 보니 박탈의 상태인 사람들이 상당수 생겼습니다. 경제 성장의 열매가 삶의 만족도로 이어지지 못해 불일치 상태인 집단과 경제 성장의 열매도 없고 만족도도 낮은 마이너스-마이너스인 집단입니다. 저소득층은 아이를 못 낳지 않느냐는 흐름이 있는 것입니다.

주강호 스웨덴한인회장. ⓒ노컷뉴스

실제 스웨덴에서 육아 경험이 있는 주강호 스웨덴한인회 회장은 스웨덴 정부가 아이를 키우는 데 필요한 경제적 지원을 부모에게 충분히 해준다고 밝혔습니다. 그는 스웨덴에선 부모의 경제적 부담이 없고 아이와 유대관계가 돈독한 편이라며 아이 때문에 스웨덴에 정착하는 사람들이 많다고 전했습니다. 스웨덴에선 자녀 학비 부담이 없고 양육비를 세 명째부터 더 줍니다.

주 회장은 스웨덴 이주 후 아이를 현지 학교 보냈는데 적응하는데 큰 지장이 없었다면서 "학교에서 아이가 적응할 수 있도록 배려를 많이 해줬습니다. 스웨덴은 이민자가 모국어를 잘할 수 있도록 배려도 합니다"라며 "스웨덴에선 자기가 원하는 것을 할 수 있습니다. 한국은 성적에 따라 진로가 정해지지만, 스웨덴에선 부모의 경제력이 상관없습니다. 여기는 왕의 자제들도 일반 학교에 다니며 같이 어울리는 문화입니다"라고 분위기를 전했습니다.

문답 속 일문일답 ⑥

주강호 스웨덴한인회 회장

Q 한국과 스웨덴에서 모두 육아경험이 있으신 것으로 알고 있습니다. 아이를 키우는 데 있어서 한국과 스웨덴의 차이점이 있다면 무엇인가요?

A 차이점이 있죠. 한국은 일단은 뭐 지역적인 게 크죠. 강남 8학군이라든지 이런 게 커서 일단 아이가 태어나면 그게 차이가 있는 것 같습니다. 일단 기본 출발선이 다르므로 밑에서 아무리 해도 따라가기가 쉽지 않죠.

스웨덴에선 바로 현지 학교를 보냈는데 적응하는 데 큰 지장이 없었습니다. 여기는 학교에서 아이가 적응할 수 있도록 배려를 많이 해줍니다. 우리나라도 다문화가 많지만, 제대로는 못하는 것 같습니다. 다문화 자녀가 잘해도 나중에 성공할 확률이 너무 적은 거예요. 스웨덴은 똑같아요. 다문화에서 자란 가정, 그러니까 다른 나라에서 오거나 이민자도 많은데 각 사람에게 모국어를 잘할 수 있게 배려도 해줍니다.

Q 스웨덴에서 육아와 관련해 경제적인 면은 어떤가요?

A 스웨덴은 경제적인 지원을 잘 해줍니다. 맞벌이하면서 아기를 낳으면 육아휴직을 480일을 줍니다. 빨간날은 빼고 480일입니다. 그러면 거의 1년 반 쉬거든요. 1년 정도는 아이에게 사랑을 듬뿍 주도록 합니다.

아빠도 반드시 육아휴직을 써야 합니다. 국가에서는 육아휴직 급여를 지원해 주고 직장에서도 보너스를 주기도 합니다. 최대 급여의 90%를 받고 아이를 키운다고 봐도 됩니다. 육아휴직과 더불어 자녀 양육비도 있습니다. 자녀 양육비는 세 명째부터는 플러스알파로 더 줍니다.

Q 스웨덴도 출산율이 낮아지는 것 같은데, 어떻게 생각하시나요?

A 요즘 낮아지는 것 같습니다. 젊은이들 사이에서 즐기는 분위기가 좀 있는 것 같아요. 제가 스웨덴에 올 때만 해도 합계출산율 2명이 넘었지만, 현재는 조금씩 낮아졌다고 봐야죠. 그래도 한국보다는 2배 정도 높습니다.

Q 스웨덴에서 자녀를 키우면서 느낀 가장 큰 장점은 무엇인가요?

A 자기가 원하는 걸 할 수 있다는 것입니다. 한국은 성적에 따라서 진로가 정해지잖아요. 스웨덴은 부모 경제력이 상관없습니다. 여기는 왕조차도 일반 학교 다닙니다. 자제들도 같이 어울리는 거죠. 스웨덴은 어울리는 문화라고 보면 됩니다.

유치원 때도 경쟁을 시키는 게 아니라 서로 잘 돕게 만듭니다. 만약 유치원에서 1~3세 아이가 있으면 3세 아이가 1세 아이를 돕게 만듭니다. 그렇게 서로 도우면서 살 수 있도록 어릴 때부터 교육하는 겁니다. 그러니까 누가 힘들면 도와주는 거죠.

스웨덴 스톡홀름에서 유모차를 끌고 가는 부모. ⓒ노컷뉴스

경제 발전과 더불어 사회 모든 부분이 급격하게 성장한 한국에 비해 스웨덴은 모든 사회보장 정책이 수립되고 실제로 적용되는 데까지 오랜 시간이 걸렸습니다. 앤 조피 뒤벤더(Ann-Zofie Duvander) 스톡홀름대학교 사회학과 교수는 "스웨덴에선 모든 정책의 실행 자체가 천천히 진행됐고 그 기간 개혁도 진행됐습니다."라며 "한국은 이 모든것이 단기간 이뤄졌습니다. 이 때문에 예전 정책이나 법, 그리고 사회적 표준이 변하지 않는 것일지도 모릅니다. 가치관과 사회적 표준은 물론 바뀔 수 있습니다."라고 말했습니다. 사회적 요구를 통해 법이 개정되는 것처럼 한국에서도 변화가 일어날 수 있을 것이라는 조언입니다.

문답 속 일문일답 ⑦

앤 조피 뒤벤더(Ann-Zofie Duvander)
스톡홀름대학교 사회학과 교수

Q 스웨덴도 한국처럼 낮은 출산율(합계출산율 0.78명)**을 겪은 적이 있나요? 또 저출산 위기를 타개한 대표적인 스웨덴 저출산 정책은 무엇이 있나요?**

A 스웨덴에서 현재 한국의 출산율만큼 낮은 수치를 본 기록이 없습니다. 하지만 출산 위기가 있었던 것은 분명합니다. 스웨덴의 출산율 위기를 이야기할 때 일반적으로 1930년대와 1990년대를 언급합니다.

1930년대 출산 위기는 정부에서 구성한 위원회에서 다루었습니다. '사람들이 더는 출산하지 않는다면 어떻게 해야 하는가?'라는 질문에 대해 정부와 정치인들은 자녀를 가질 수 있는 더 나은 환경을 조성하기 위해 노력했습니다. 더 나은 주거시설과 어린이 복지 혜택의 증가, 그리고 어린이집 설립과 같이 조금씩 변화를 끌어내려고 했습니다.

사실, 1930년대는 현재 우리가 이야기하는 성평등이 이루어져 있는 사회가 아니었습니다. 남성과 여성이 노동시장뿐만 아니라 육아에 대해 평등했던 시절이 아니었습니다. 당시에는 여성들이 일과 육아를 병행해야 했습니다. 그래서 일과 육아를 병행할 수 있도록 국가에서 복지 혜택을 주기로 한 것이 1930년대였습니다. 하지만 그런 정책들이 성공적이었는지 단언하기는 조금 어렵습니다. 그 이유는 세계대전이 발발했고 전반적으로 사회가 많이 바뀌었기 때문입니다.

가족을 위한 복지 정책은 사회 전반적으로 증가하던 복지 혜택 중 하나였는데, 실업수당, 병가, 연금과 같은 분야도 발전했습니다. 90년대 스웨덴은 경제위기에 직면하였는데, 안타깝게도 정부는 각종 혜택을 줄이는 정책을 선택했습니다. 그 결과 육아휴직 수당이 줄었고 대체율이 감소했습니다. 즉, 많은 가정이 어려움을 겪었습니다. 학자들은 이런 정책들과 혜택의 감소가 출산율 감소를 더 촉진했다고 해석하기도 합니다. 추후, 경제 상황이 나아지면서 대체율과 정책들이 다시 한번 상승했습니다.

가족들을 겨냥한 정책들이 더 많이 펼쳐졌고 출산율 또한 더 증가했습니다. 정책의 변화 때문인지, 경제 호황으로 인한 영향인지는 알 수 없지만 출산율이 낮아졌던 30년대와 90년대 모두 가족들을 위한 정책과 혜택을 늘리는 방법으로 대응했습니다. 스웨덴 역사상 두 번의 출산율 하락 기간이 있었으나, 한국처럼 출산율이 0.7까지 낮아졌던 적은 없었습니다.

한국도 출산율 반등할 수 있을까?… “경제적 안정감 필요”

스웨덴 사회보험청 내부. ©노컷뉴스

이런 사회적 변화가 한국 출산율을 반등시키는 계기가 될 수 있다는 진단도 나왔습니다. 니클라스 뢰프그렌(Niklas Lofgren) 스웨덴 사회보험청 가족 재정 대변인은 “스웨덴은 경제 상황에 따라 출산율 변동이 있는데, 한국은 경제가 나쁘지 않은데도 출산율이 줄어드는 것을 보면 그렇지 않은 것 같기도 합니다”라며, “하지만 한국은 출산율 반등이 가능하고 그러기 위해서는 경제적으로 아이를 가질 수 있을 만큼의 안정감이 필요합니다. 그런 경우에는 하나, 둘, 심지어 세 명의 아이까지도 가질 수 있을 것입니다”라고 말했습니다. 그는 직장에서의 불투명한 승진 여부와 육아휴직을 다녀와서도 복직을 할 수 있을지에 대한 불확실성에서도 자유로워져야 한다고 덧붙였습니다. 환경 면에서나 재정적으로 안정감을 가질 수 있도록 사회적 개혁이 진행된다면 출산율 변화도 생길 것이라는 제언입니다.

문답 속 일문일답 ⑧

니클라스 뢰프그렌(Niklas Lofgren)
스웨덴 사회보험청 가족 재정 대변인

Q 이민자, 성소수자 부부를 인정했을 때 출산율 올라갈까요? 스웨덴에선 다양한 형태의 가족들에게 어떤 사회보장을 하고 있나요?

A 스웨덴에서 거주하거나 일을 한다면 사회보험에 가입되므로 이민자든지, 동성 커플이든 상관없이 모든 사람이 같은 혜택과 보험을 받을 수 있습니다. 하지만 자격 취득 기간이 있습니다. 스웨덴에 이주하고 8개월간은 육아휴직 혜택을 받을 수 없습니다. 그 이후에는 같게 혜택을 받을 수 있습니다.

그 외 스웨덴에 거주함으로써 받게 되는 모든 혜택은 첫날부터 받을 수 있습니다. 예를 들어 스웨덴에 이민한 첫날부터 아동수당을 받을 수 있게 되는 것입니다. 동성 커플인 경우에도 마찬가지입니다. 스웨덴의 복지시스템은 성별에 기반한 것이 아니라 아동의 실제 양육권을 누가 가지고 있느냐에 따라 운영됩니다.

예를 들어 두 명의 남성이 한 아이에 대한 양육권을 가지고 있다면 두 남성 모두 육아휴직에 대한 권리가 있습니다. 만약 두 명의 여성이 양육권을 가지고 있다면 두 여성 모두 육아휴직에 대한 권리가 있습니다. 남성과 여성이 각각 양육권을 가지고 있을 때도 마찬가지입니다. 이 모든 것은 누가 아이에 대한 양육권을 가지고 있느냐에 기반합니다. 이렇게 시스템과 법은 성 중립적입니다. 여성이나 남성이나 특별한 규칙을 적용받지 않습니다.

이민자, 성소수자 부부로 한국의 출산율 문제해결이 가능하냐고 물어본다면 저는 아니라고 생각합니다. 아마 아주 조금은 영향을 받겠지만, 이민자의 수가 많지 않은 국가이기 때문에 큰 변화는 없을 것으로 생각합니다.

프랑스 가족 수당 기금(CAF) 내부. ©노컷뉴스

실제 유럽에서 합계출산율이 가장 높은 것으로 알려진 프랑스에서는 가족 수당 제도로 부모의 경제적 부담을 덜어주고 있습니다. 2017년 한국보건사회연구원이 발표한 〈프랑스 가족 수당의 현황과 시사점〉 연구에 따르면 프랑스 가족 수당은 사회보장제도가 발달하기 시작한 1945년 이후부터 프랑스 사회가 직면해 온 문제에 대응하면서 발달해 오늘날의 모습으로 자리 잡았습니다. 이 제도는 국가가 가족을 지원한다는 의지의 천명으로서 사회정책에서 중요한 위치를 차지하고 있으며, 가족의 자녀 양육과 생활을 지원하는 다양한 수당으로 구성돼 있습니다.

올리비에 코르보베쓰(Olivier Corbobesse) 프랑스 가족 수당 기금(CAF) 국제관계 담당자에 따르면 프랑스에선 육아휴직을 해도 기존에 받던 가족 수당에는 변화가 없습니다. 가족 수당은 자녀가 있기 때문이라는 단순한 원칙에 따라 지급되는 수당들의 합이기 때문입니다.

코르보베쓰 국제관계 담당자는 "부모가 자녀를 돌보는 방식은 중요하지 않으며 자녀가 있으면 매달 수당이 지급됩니다. 보육 지원도 있는데, 이는 보육 방식 선택의 자유 원칙에 근거합니다."라고 밝혔습니다. 특히 "탁아소(Crèche, 크레슈)와 같은 집단보육시설에 보내거나, 육아도우미(assistante maternelle)와 같은 개인에게 맡기거나 혹은 직접 돌보거나 혹은 비공식적으로 조부모와 같은 가족이 돌보는 방식도 있을 것입니다"라며 "선택은 부모의 몫이고 어떤 방식을 선택하든 가족수당은 이를 지원합니다"라고 덧붙였습니다. 즉 가족 수당은 자녀 수당과 돌봄 수당 두 가지 유형으로 나눌 수 있는 것입니다.

프랑스의 가족 수당 제도를 이해하기 위해서는 프랑스가 가족정책을 어떻게 바라보고 있는지, 정책적 목표가 무엇인지를 살펴봐야 합니다. 프랑스의 가족 수당 제도는 가족정책 목적을 구현하는 중요한 수단으로 볼 수도 있기 때문입니다. 실제 프랑스의 법무행정 정보국(DILA: Direction de l'information légal et administrative) 홈페이지를 살펴보면 부모의 출산·양육·교육 부담을 경감시켜 주기 위해 국가와 지방 및 사회보장 기구가 추진하는 정책을 가족정책으로 정의합니다. 코마이유(Commaille) 등은 가족 수당이란 가족 부양에 따른 위험으로부터 가족을 보호하는 수당과 가족 생활과 관련한 사회적 위험으로부터 가족을 보호하는 수당을 포괄하는 것이라고 했습니다.

프랑스 가족정책이 전통적으로 지향하는 목적은 두 가지로 요약할 수 있습니다. 첫째는 출산 지원 정책을 통해 인구구조를 안정적으로 유지하는 것이며, 둘째는 출산과 자녀 교육 비용을 지원해 일정 수준의 가족생활을 보장하는 것입니다. 이와 더불어 2차 인구학적 변화에 따른 가족의 변화로 프랑스 가족정책은 새로운 목적을 추가했습니다. 이를테면 가족 형태의 다양화에 대응해 부모 역할을 지원하고 가족 관계와 자녀 교육에 어려움이 있는 가족을 돕는 것 등이 가족정책의 목적에 포함된 것입니다.

프랑스 파리 한 공원에서 유모차를 끌고 가는 엄마. ©노컷뉴스

국내에서도 저출산 대책으로 동거하는 커플에게도 가족 지위를 인정하는 등록 동거 혼이 추진되고 있습니다. 등록 동거 혼은 커플이 혼인하지 않더라도 시청에 동거 사실을 등록만 하면 국가가 혼인 가족에 준하는 세금과 복지 혜택 등을 제공하는 제도입니다. 해당 제도는 프랑스와 네덜란드 등 유럽 국가에서 이미 시행 중입니다. 경제적, 사회적 이유로 혼인을 부담스러워하는 일부 국민에게 동거라는 새로운 선택지를 주고 출산율을 높이겠다는 취지입니다.

한국보건사회연구원이 2016년에 발표한 〈다양한 가족의 출산 및 양육 실태와 정책과제-비혼 동거가족을 중심으로〉 연구에 따르면 이제 우리 사회는 동거가 일탈적인 현상으로 보이던 사회에서 벗어나 결혼 전 테스트의 기간이 되고 한편에서는 대안이 되기도 하는 단계로 나아가고 있습니다. 특히 이 연구에선 일단 동거 현상이 일어나고 이유나 유형 등이 발전하기 시작하면 그 사회는 전 단계로 회귀하지는 않고 앞으로 나아간다고 밝히고 있습니다. 이를 근거로 우리 사회에서 동거가 청년층에서 빈번하게 일어나고 있는 만큼 이제는 사회에서 동거 커플이 가족을 이루고 안정된 삶을 살아갈 수 있도록 하는 움직임이 필요해 보인다고 제언했습니다.

이러한 움직임에는 제도의 마련이 포함됩니다. 동거 관계를 등록하고 증명하는 것이 가족으로 살아가는 한 형태임을 인정하는 방법이 될 수 있기 때문입니다. 등록제 마련을 통해 동거 커플이 우리 사회에서 가족의 한 형태로 자리매김하고, 법적인 영향을 받을 수도 있는 환경을 마련하는 과정이 필요해 보인다는 것입니다.

대한민국 합계출산율은 향후 상승할까요?

답 02.

"통계청의 2050년 1.21명(2021년) 상승 예측은 근거가 약하지만 사회적 변화에 따라 합계출산율 반등의 여지는 있습니다."

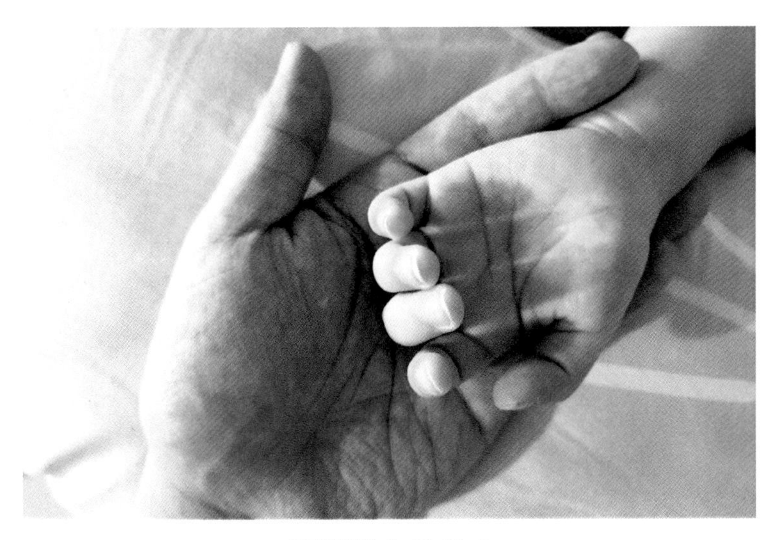

어린아이의 손. ©노컷뉴스

"현실 부정"

"아님 말고식 통계법"

2023년 1월 정부가 해마다 바닥을 치는 합계출산율을 2050년부터 1.21명으로 오를 것이라 전제하고 국민연금 재정추계를 진행한 사실이 알려지자, 국민의 성토가 이어졌습니다. 미래 합계출산율을 지나치게 낙관적으로 전망했다는 지적입니다. 정부는 합계출산율 상승 전망 근거로 코로나19 엔데믹으로 인한 혼인 건수 증가, 2차 에코 세대의 출산 시점 도래를 들었습니다. 코로나19로 연기됐던 결혼이 이뤄지기 시작했고 2차 에코 세대인 1991년생이 30대로 진입하며 출산율이 오른다는 것입니다.

1.21명이란 수치는 통계청이 지난 2021년 발표한 〈장래인구추계〉의 중위 가정을 적용한 결과입니다. 당시 통계청은 2023년 합계출산율을 0.73명으로 예상했고 2024년 0.70명까지 바닥을 치고 반등할 것으로 예상했습니다. 특히 2031년에는 합계출산율이 1명대로 진입하고, 지속적인 상승 이후 2050년 1.21명을 기록한다는 게 통계청 예측입니다.

〈장래인구추계〉를 담당하는 통계청 관계자는 장기적으로 합계출산율 1.21명이라는 예측은 1945년생부터 1985년생의 완결 출산율(가임기가 끝난 연령대 여성들의 평균 자녀 수)에 대한 기초자료를 가지고 한 것이라고 설명했습니다. 그는 "2021년에 15세(가임연령)가 되는 게 2005년생인데 이들이 얼마나 아이를 낳을지 시계열 모형으로 예측했을 때 그 수준이 1.21명이었습니다"라고 밝혔습니다.

통계청의 예측대로 우리나라의 합계출산율은 향후 상승할 수 있을까요? 결론부터 말하면 전문가들은 국제적인 추계방식이 우리나라의 변화를 반영하지 못하고 있으며 그 결과도 현실성이 떨어진다고 밝혔습니다. 다만 통계청 가정보다는 출산율 회복 속도가 느려도 합계출산율 반등의 여지는 분명히 있다는 전망을 내놓았습니다.

문답 속 일문일답 ①

통계청 관계자 A씨(장래인구 추계담당 공무원)

Q 정부가 향후 합계출산율 상승 전망 근거로 코로나19 엔데믹으로 인한 혼인 건수 증가, 2차 에코 세대의 출산 시점 도래를 들었는데 어떻게 생각하시나요?

A 통계청은 추계할 때 혼인 추세를 반영합니다. 코로나19 때문에 연기되거나 지연된 혼인들이 2022~2023년에는 좀 있을 것이라고 해서 이를 기초자료에 반영했습니다. 실제 언제까지 지속할지는 모르겠지만 혼인 관련 자료를 보면 2022년 8월부터는 혼인이 증가하는 모습을 계속 보여주고 있습니다.

혼인이 모두 출산으로 이행되지는 않지만, 우리나라의 혼인·출생 통계의 흐름을 보면 그래도 혼인하는 사람들이 첫째 아이를 낳고 있습니다. 이렇게 증가하는 것이 출생아 수를 증가하는 데 약간 기여할 수 있을 것으로 보고 있습니다. 이건 개인의 선택 문제이기 때문에 실제로 실현이 돼야지 이제 확정적으로 말씀드릴 수 있을 것 같습니다. 2024년에 어떻게 될지 지금 시점에서는 팩트를 확인하는 게 좀 어렵지 않을까요?

“장래인구 추계방식이 한국 변화 속도 못 따라와”

과거 통계청이 내놓은 합계출산율 예측치는 현재와 얼마나 차이가 있는지, 그 비교를 국민연금 재정추계의 전제로 활용된 통계청의 〈장래인구추계〉 자료로 해봤습니다. 이 자료는 통계청의 〈인구총조사〉 결과를 기초로 인구변동 요인(출생·사망·국제 이동) 추이를 반영해 미래 인구변동 요인을 가정하고 향후 50년간의 장래인구를 전망한 결과입니다.

먼저 2011년 발표된 〈장래인구추계: 2010~2060년〉을 살펴보면 당시 통계청은 2011년 합계출산율이 1.20명으로 바닥을 치고 2017년까지 0.02명씩, 이후 2022년까지 0.01명씩 상승할 것으로 예상했습니다. 결과적으로 당시 통계청의 〈장래인구추계〉에 기록된 2022년 합계출산율 예상치는 1.37명입니다. 그러나 실제 우리나라의 지난해 합계출산율은 0.78명을 기록했습니다. 예상치와의 격차는 무려 0.59명 차이입니다.

이상림 한국보건사회연구원 연구위원은 세계적으로 인구를 추계하는 방식이 한 코호트(같은 시기를 살아가면서 특정한 사건을 함께 겪은 사람들의 집합)의 ‘완결 출산율’을 가지고 미래 장래 추계하는 것이라며 이 방식으로 하면 원래 합계출산율보다 높게 나온다고 밝혔습니다. 이 연구위원은 “현재 합계출산율이 너무 떨어지니까 코호트

완결 출산율을 떨어뜨리는 게 부담스러운 상황입니다"라며 "그렇게 떨어뜨리는 예가 없고 통계 식이 그런 추계방식이 아니라서 통계청에선 장기적으로 '오른다'가 나올 수밖에 없습니다"라고 전했습니다. 국제적인 추계방식이 우리나라의 변화 속도를 따라가지 못하는 것이라는 분석입니다.

즉 통계청의 방식대로 추계를 하면 장기적으로는 합계출산율이 오르는 결과밖에 나올 수 없고, 방식 자체도 우리나라의 급변 상황을 잘 반영하지 못하고 있다는 설명입니다.

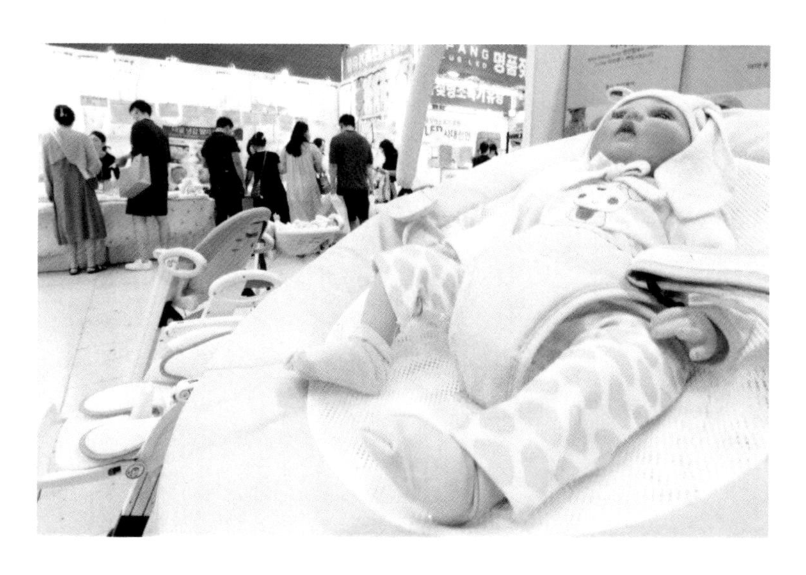

서울 강남구 코엑스에서 열린 2023 글로벌 베이비페어를 찾은 시민들이
육아용품을 살펴보고 있는 모습. ©노컷뉴스

문답 속 일문일답 ②

이상림 한국보건사회연구원 연구위원

Q 통계청의 〈장래인구추계〉 전망처럼 합계출산율이 상승할 수 있을까요?

A 통계청의 추계를 사람들이 잘못 이해하고 있습니다. 이것을 일종의 예언서로 사람들이 이해합니다. 그런데 그게 아니라 통계청은 이 상태로 가면 얼마나 되는지 추계하는 것입니다. 국제적으로 안정적으로 추계하는 방식이 있는데, 그 방식이 우리나라의 변화 속도를 따라가지 못하는 것입니다.

통계청의 〈2021년 장래인구추계〉와 관련해 1.21명이라는 수치를 예언한 것은 아닙니다. 수식으로 도출은 그렇게 됐지만, 전망의 개념은 아니라고 봅니다. (해당 추계처럼 될 가능성은) 현재 많이 없습니다. 40년, 30년 후의 일을 우리가 알기 쉽지 않은데 그래도 통계청 수치만큼 오르려면 정말 많은 변화가 우리 사회에 있어야 합니다.

한국 합계출산율 0명대…예측 못 한 통계청

2. 출생아수, 조출생률, 합계출산율, 2015~2065년

(천명, 인구 1천명당, 가임여자 1명당)

연도	중위추계(가정) 출생아수	남	여	조출생률	합계출산율	고위추계(가정) 출생아수	남	여	조출생률	합계출산율	저위추계(가정) 출생아수	남	여	조출생률	합계출산율
2015	427	219	208	8.4	1.24	427	219	208	8.4	1.24	427	219	208	8.4	1.24
2016	413	212	201	8.1	1.18	427	219	208	8.3	1.20	400	205	195	7.8	1.16
2017	413	212	201	8.0	1.20	439	225	214	8.5	1.27	387	199	189	7.5	1.14
2018	411	211	200	8.0	1.22	447	229	218	8.6	1.31	376	193	183	7.3	1.13
2019	410	210	200	7.9	1.23	453	232	221	8.7	1.35	368	189	179	7.1	1.11
2020	409	210	199	7.9	1.24	460	236	224	8.8	1.38	360	185	176	7.0	1.10
2021	410	210	199	7.9	1.25	467	240	228	8.9	1.41	355	182	173	6.9	1.10
2022	411	211	200	7.9	1.26	475	244	231	9.0	1.43	351	180	171	6.8	1.09
2023	413	212	201	7.9	1.27	483	248	235	9.1	1.46	348	178	169	6.7	1.08
2024	415	213	202	7.9	1.27	490	251	239	9.2	1.48	345	177	168	6.7	1.08
2025	417	214	203	7.9	1.28	496	254	241	9.3	1.50	343	176	167	6.7	1.07

2016년 통계청의 〈장래인구추계: 2015~2065년〉. ©통계청

2. 출생아수, 조출생률, 합계출산율: 2017~2067년

(천명, 인구 1천명당, 가임여자 1명당)

연도	중위추계					고위추계					저위추계				
	출생아수	남	여	조출생률	합계출산율	출생아수	남	여	조출생률	합계출산율	출생아수	남	여	조출생률	합계출산율
2017	348	179	169	6.8	1.05	348	179	169	6.8	1.05	348	179	169	6.8	1.05
2018	325	167	158	6.3	0.98	340	175	165	6.6	0.98	314	161	153	6.1	0.98
2019	309	158	150	6.0	0.94	349	179	170	6.8	1.03	282	145	137	5.5	0.87
2020	292	150	142	5.6	0.90	357	183	174	6.9	1.06	263	135	128	5.1	0.81
2021	290	149	141	5.6	0.86	366	188	178	7.0	1.09	246	126	120	4.8	0.78
2022	300	154	146	5.8	0.90	377	194	183	7.2	1.12	243	125	118	4.7	0.72
2023	312	160	152	6.0	0.93	388	199	189	7.4	1.16	255	131	124	5.0	0.76
2024	324	166	158	6.2	0.97	399	205	194	7.6	1.19	267	137	130	5.2	0.80
2025	335	172	163	6.5	1.00	409	210	199	7.8	1.23	280	144	136	5.5	0.84

2019년 통계청의 〈장래인구추계: 2017~2067년〉. ⓒ통계청

통계청은 과거 〈장래인구추계〉에서 미래 대한민국 합계출산율이 0명대로 떨어질 것이라는 점도 예측하지 못했습니다. 2011년 추계 때는 물론 2016년에도 1명대 미만의 예상치는 찾아볼 수 없습니다.

통계청의 〈장래인구추계〉에서 0명대의 합계출산율이 처음 등장한 건 2019년 때입니다. 사실 통계청이 0명대 합계출산율을 예측했다고 얘기하기는 어렵습니다. 2019년 통계청의 〈장래인구추계〉가 발표하기 이전에 2018년 합계출산율이 0.98명으로 발표됐기 때문입니다.

통계청 관계자는 〈장래인구추계〉는 〈인구주택총조사〉 기초자료

를 사용하다 보니 5년 주기로 작성하고 있었다면서 중간에 출산율 급감 때문에 이를 반영한 특별 추계가 있었는데 그게 2019년에 추가로 특별 추계 결과가 나간 것이라고 밝혔습니다. 2019년 통계청의 〈장래인구추계〉는 초저출산 상황을 반영해 0.98명(2018년)을 공식 발표하고 약 한 달 후 통계청이 '특별 추계'로 공표한 것이라는 설명입니다.

2019년 3월 발표된 통계청의 〈장래인구특별추계: 2017~2067년〉에서는 당해 합계출산율을 0.94명으로 예측하고 2021년까지 1년마다 0.04 명씩 하락할 것으로 봤습니다. 2021년 합계출산율이 0.86명으로 바닥을 치고 2022년 0.90명으로 반등할 것으로 봤지만 이 역시 결과적으론 틀린 예측치가 됐습니다.

다만 통계청의 〈장래인구추계〉는 보통 당해 합계출산율이 바닥을 치고 이듬해 반등할 것이라는 예측치를 발표해 왔지만, 2019년은 기존 하락치보다 더 크게 2년가량 하락할 것으로 내다봤습니다.

김중백 경희대학교 사회학과 교수는 "사실 인구추계는 통계청이 케어할 수 있는 부분을 넘어섰습니다"라며 "2024년 이후 반등하려면 대표적으로 올해 조혼인율이 올라가야 합니다. 자녀를 낳을 수 있는 나이가 일정 부분 정해져 있으므로 내후년의 합계출산율이 달라진다는 것은 혼인부터 달라진다는 이야기입니다"라고 말했습

어린아이들이 남양주 한 쇼핑몰에서 산책하는 모습. ⓒ노컷뉴스

니다. 그는 통계청이 자료를 해석하고 모으는 부서이며 미래를 만들어 나가는 부서는 아니라고 밝혔습니다. 또 향후 합계출산율이 오른다는 통계청의 장래인구추계도 희망 고문일 뿐이라며, 통계청 합계출산율 추계는 대부분 틀려왔다고 전했습니다.

김조은 KDI 국제정책대학원 교수도 "현재 저출산 관련 정책 등을 보면 저출산 상황이 해결될 것이라고 보지 않습니다. 5~10년 안에 반등할 것이라는 〈장래인구추계〉도 나오는데 잘못된 추계입니다"라며 "그게 가능하기 위해서는 청년들이 결혼도 해야 하고, 2명 이상의 아이를 낳아야 하는데 현실은 그렇지 않습니다. 초저출산 상황이 이어질 것이라고 봅니다"라고 전망했습니다.

2. 출생아수, 조출생률, 합계출산율: 2020~2070년

(천명, 인구 1천명당, 가임여자 1명당)

연도	중위추계					고위추계					저위추계				
	출생아수	남	여	조출생률	합계출산율	출생아수	남	여	조출생률	합계출산율	출생아수	남	여	조출생률	합계출산율
2020	275	141	134	5.3	0.84	276	142	134	5.3	0.84	273	140	133	5.3	0.84
2021	261	134	127	5.0	0.82	276	142	135	5.3	0.83	253	130	123	4.9	0.81
2022	246	126	120	4.8	0.77	284	145	138	5.5	0.85	231	118	112	4.5	0.73
2023	233	119	113	4.5	0.73	293	150	143	5.7	0.88	216	111	105	4.2	0.68
2024	234	120	114	4.5	0.70	306	157	149	5.9	0.92	203	104	99	4.0	0.65
2025	248	127	121	4.8	0.74	320	164	156	6.2	0.96	201	103	98	3.9	0.61
2026	261	134	127	5.1	0.78	332	170	162	6.4	1.00	211	108	103	4.1	0.64
2027	274	140	133	5.3	0.83	344	177	168	6.6	1.04	220	113	107	4.3	0.67
2028	286	146	139	5.6	0.87	355	182	173	6.8	1.08	228	117	111	4.5	0.70
2029	296	152	144	5.8	0.91	364	187	177	7.0	1.12	236	121	115	4.7	0.74
2030	305	156	149	6.0	0.96	372	191	181	7.1	1.16	242	124	118	4.8	0.77

2021년 통계청의 〈장래인구추계. 2020~2070년〉. ⓒ노컷뉴스

2021년 발표된 통계청의 〈장래인구추계: 2020~2070년〉에선 단기적으로 현실적인 합계출산율 예측치를 내놓기도 했습니다. 2021년 당시 통계청의 2022년 합계출산율 예측치는 0.77명으로 실제 결과인 0.778명과 거의 일치했습니다. 다만 이후 바닥을 치고 반등할 것이라는 예상은 그대로입니다. 통계청의 〈장래인구추계: 2020~2070년〉을 구체적으로 살펴보면 2023년 0.73명, 2024년 0.70명으로 바닥을 치고, 2025년 합계출산율은 0.74명으로 반등합니다. 이후 매년 0.78명→0.83명→0.87명→0.91명→0.96명으로 증가하며 2031년부턴 1.00명대를 회복, 2032년 1.04명을 시작으로 1.09명→1.13명→1.18명→1.19명→1.20명을 기록하고 2050년 1.21

명이 됩니다.

해외 합계출산율 예측은?… "실제 출산율과 큰 차이 없어"

프랑스 국립 인구통계학 연구소(INED) 전경. ©노컷뉴스

그렇다면 해외에서도 이 정도 오차가 생길까요. 로랑 툴르몽(Laurent Toulemon) 프랑스 국립 인구통계학 연구소(INED) 책임연구원은 프랑스의 경우 1975년부터 여성 한 명당 1.9~2.0명 정도로 안정적인 출산율을 보이고 있고, 예측치와 실제 출산율에서 큰 차이가 없다고 밝혔습니다.

툴르몽 책임연구원은 "사실 출산율의 경우 예측이 맞냐 틀리느냐의 문제보다 얼마나 더 안정적으로 갈 것인가를 아는 것이 더 중요하다고 생각합니다"라며 "프랑스도 2023년부터는 합계출산율이 떨어질 것으로 예상하지만, 한국보다는 높은 출산율을 유지하고 있을 것입니다"라고 예상했습니다.

그는 프랑스가 사회·문화적인 면까지 고려해 인구 예측을 하고 있다면서도 혼인율을 출산율과 중요하게 연결하지는 않는다고 전했습니다. 툴르몽 책임연구원은 "고려하는 부분은 주거 문제, 교육정책, 일하는 엄마들을 위한 보육 정책입니다. 지금도 프랑스에서는 결혼하고 있지만 아이를 낳기 위해서 결혼하지는 않습니다"라고 말했습니다. 실제 프랑스에선 62%의 출생이 혼인 외에서 발생하며 다른 유럽 국가들에서도 혼외출산 비율이 40% 이상인 나라가 많습니다.

혼외출산 관련 요인은 무엇이 있는지 2016년에 발행된 통계청의 〈인구 대사전〉에 실린 연구를 살펴보겠습니다. 2001년에 〈혼외: 비혼 출산의 원인과 결과〉를 집필한 우와 범퍼스(Wu and Bumpass)는 혼외출산율 및 혼외출산 비율이 대부분의 선진국에서 증가하고 있다는 사실에 근거해 혼외출산의 증가 경향은 여성의 사회활동 참여 증대, 혼외성교 증대, 그리고 이혼 증대 등에 기인한다고 주장했습니다.

벤투라와 바흐라흐(Ventura and Bachrach)는 2000년에 작성한 〈미국의 비혼 출산〉 통계 보고서를 통해 미국의 혼외출산 비율의 증가는 혼인 연령의 상승에 기인하며, 이는 혼전 출산이 가능한 여성의 수를 증가시키고 유 배우 여성의 출산율을 낮추는 효과가 있고, 모든 연령에 걸쳐 결혼하지 않은 여성의 출산율을 올린다고도 했습니다.

2050년에 1.21명 가능할까?…"불가능" 의견 대다수

서울의 한 놀이공원을 찾은 시민들이 아이들과 함께 즐겁게 지내고 있는 모습. ©노컷뉴스

통계청이 예측한 2050년에 합계출산율 1.21명은 과연 가능한 것

일까요. 전문가들은 대부분 합계출산율 1.21명이란 수치가 사실상 불가능하다고 보고 있습니다. 이윤석 서울시립대학교 도시사회학과 교수는 "안타깝지만, 가까운 미래에 출산율이 반등할 것이라는 예상은 장밋빛 견해라고 할 수 있습니다"라며 "현재 한국은 사망률은 낮아지는 가운데 출산율이 크게 하강하는 제2차 인구변천을 겪고 있습니다"라고 밝혔습니다.

이 교수에 따르면 제1차 인구변천과 달리 제2차 인구변천은 종착점으로 인구의 균형상태를 상정하지는 않습니다. 오히려 대체 수준 이하의 출산력, 결혼이 아닌 다양한 형태의 삶의 양식, 결혼과 출산의 무 관계성 등이 고착할 것으로 예상됩니다. 그러므로 이민자의 유입이 없으면 인구의 지속적 감소도 예상할 수 있는 것입니다.

이 교수는 미래 출산 증가의 근거가 청년세대의 감소로 청년실업 문제가 해소될 수 있으며, 그렇게 되면 혼인과 출산이 늘어난다는 주장이라며 "가장 중요한 점은 현재 청년들은 자녀를 꼭 가져야 한다고 생각하지 않는다는 점입니다. 그래서 경제적 상황이 나아진다고 하더라도 바로 출산율이 올라가지는 않을 것입니다"라고 밝혔습니다. 청년세대의 경제적 상황이 좋아지더라도 사회 분위기가 바뀌고 새로운 가치관이 이미 형성돼 출산율 반등은 힘들 것이란 전망입니다.

정재훈 서울여자대학교 사회복지학과 교수는 합계출산율이 1.21

명까지 반등한다는 근거가 없다고 지적했습니다. 정 교수는 "통계로 인한 흐름이 있어 나름대로 만들었겠지만, 그 변수들이 통계청에서 예측한 것처럼 적중할지는 모르는 상황입니다"라며 "그 변수들이 작동하려면 어떤 사회적 변화가 일어나야 하는지를 알아야 합니다"라고 밝혔습니다. 특히 비혼 출산율 2%에서 알 수 있듯 우리나라 출산의 전제 조건은 혼인이라며 비혼 출산을 포용할 만한 사회적 변화를 기대하기 어렵다고 덧붙였습니다. 비혼이 증가하고 있으니, 출산율이 올라가긴 어렵다고 분석합니다.

서울 광화문광장 분수대를 찾은 아이들이 물놀이를 하고 있다. ©노컷뉴스

문답 속 일문일답 ③

정재훈 서울여자대학교 사회복지학과 교수

Q 통계청의 합계출산율 반등 예측, 어떻게 보시나요?

A 통계청에 변수의 근거를 물어보세요. 통계하는 사람들은 그걸 알 수 없습니다. 1.21명(2021년 통계청 장래인구추계)까지 반등한다는 근거가 없습니다. 통계로 인한 흐름이 있어 나름 만들었겠지만 (저위, 고위 등) 변수들이 통계청에서 예측한 것처럼 적중할지는 모르는 상황입니다.

그 변수들이 작동하려면 어떤 사회적 변화가 일어나야 하는지를 알아야 합니다. 비혼 출산율 2%에서 알 수 있듯 우리나라 출산의 전제 조건은 혼인입니다. 혼인과 연결할 수밖에 없는 현상입니다. 비혼 출산을 포용할 만한 사회적 변화를 기대하기 어려운데 비혼이 증가하고 있으니, 출산율이 올라가긴 어렵습니다.

이삼식 한양대학교 고령사회연구원장은 서울대 아시아연구소가 발행하는 〈아시아 브리프〉 기고 글에서 저출산 대책은 다양한 복합적인 원인을 해소할 수 있도록 종합적으로 장기간 일관성 있게 추진돼야 한다고 밝혔습니다. 학령인구 감소, 노동력 부족, 사회보장 부담 증가 등 인구구조 변화에 대한 철저한 대응이 필요하며, 출산율 회복과 인구구조 변화에 대한 적응은 양자택일의 문제가 아닌 동시에 추구해야 할 사회 목표라는 것입니다.

이 원장은 한국에서 재생산 위기는 결혼에서부터 시작된다며, 한국은 세계 경제 10위권, IT 강국 등으로 알려졌지만, 전통적인 가부장적 유교문화의 영향이 지속되고 있어 법률에 따르지 않는 가족 형성은 인정되지 않고 있다고 밝혔습니다. 출산은 법률혼을 전제로 발생한다는 설명입니다. 그는 "한국 사회에서 결혼은 각종 조건을 충족시킬 때 가능합니다. 학력, 학벌, 안정적 직장, 주거 등이 갖추어져야 결혼을 할 수 있고, 결혼 후에도 안정적인 가족생활이 가능합니다"라며 "그만큼 청년들은 출산에 앞서 결혼의 어려움을 직면하고 있습니다. 결혼의 관문을 통과하기 어려워지면서 만혼 경향이 증가하고, 결혼 자체를 피하는 비혼도 증가하고 있습니다"라고 덧붙였습니다.

과거와 달리 결혼과 출산 간 연계도 점차 약화하고 있다는 견해도 내놨습니다. 결혼이 반드시 출산으로 이어지지 않고 있는 현실을 지적한 것인데, 이에 대해 그는 딩크족과 같이 결혼생활이 자녀 중심에서 부부 중심으로 변화하는 경향도 있지만, 무엇보다 자녀 양육 비용이 발생해 큰 부담으로 인식되고 있다고 분석했습니다.

김석호 서울대학교 사회학과 교수의 〈저출산에 대한 사회심리학적 접근:누가, 왜 결혼과 출산을 꿈꾸지 못하는가?〉 논문에 따르면 비혼과 출산 포기를 설명하기 위해서는 현재 가용한 자원의 부족, 어려운 현실에 대한 인식과 더불어 미래의 불확실성에 대한 불안이 가진 영향력을 살펴봐야 한다는 전제에서 출발합니다. 기존 청년 담론에서 핵심적 위치를 점하고 있는 일자리나 소득 등 사회경

서울 어린이대공원을 찾은 어린이와 가족들이 즐겁게 지내고 있는 모습. ©노컷뉴스

제적 요인뿐 아니라 꿈이나 미래에 대한 전망과 같은 사회심리적 요인도 함께 고려하는 것이 청년의 비혼과 출산 기피를 이해하는 데 도움이 될 것이라 본 것입니다.

논문에선 청년의 비혼과 출산 기피는 일자리와 소득 등 사회경제적 자원의 결핍뿐 아니라 불확실한 미래에 대한 불안이 중요한 요인임을 확인했습니다. 청년 자신이 보유하고 있는 객관적 자원보다는 자신의 현재와 미래에 대한 주관적 인식이 청년들의 결혼과 출산에 대한 꿈과 가능성에 영향을 미친다는 사실을 보여줬다는 것입니다.

특히 미래에 예상하는 계층 위치와 사회이동 가능성을 통제했을 때 현재의 객관적 조건과 주관적 인식의 효과가 사라졌다고 밝혔습니다. 김 교수는 "이는 현재를 토대로 미래를 판단하는 청년들은 미래를 예측하기 어려워 출산과 결혼을 선택지에서 제외해 버린다는 것을 시사합니다. 청년의 미래에 대한 비관적인 전망은 비혼이나 출산 기피로 이어집니다"라고 분석했습니다. 청년이 자신의 미래에 대한 긍정적인 전망과 안정감을 가질 수 있도록 정책을 추진하는 게 저출산 문제를 해결하는 데 무엇보다 중요하다는 진단입니다.

초저출산 길게 지속되지 않는다?… "출산율이 반등할 것"

반면 과거에 초저출산이 지속되지 않을 것이란 학계 의견도 나온 바 있습니다. 조슈아 골드스타인(Joshua R. Goldstein) 등의 〈최저 출산율의 종말?(The End of "Lowest-Low" Fertility?)〉 연구에 따르면 서구에서 초저출산은 그리 길지 않게 지속되어 한 번의 일화로 끝나는 경향을 보입니다.

초저출산을 들여다보는 지표로 사용되는 기간 합계출산율이 인구의 출산 행위 변화를 의미하는 퀀텀 효과, 즉 출생 자녀 수를 초저출산의 수준으로 낮추려는 행동을 반영하기보다는 템포 효과, 즉 출생 자녀 수는 훨씬 크지만 자녀 출생을 미루기 때문에 나타나는 통계적 오류에 민감하게 반응하기 때문입니다. 다시 말해 미루어왔던 자녀 출산이 재개되면 기간 합계출산율은 상승하게 되고 이는 초저출산의 늪에서 벗어나는 것을 의미합니다.

계봉오 국민대학교 사회학과 교수는 2050년 1.21명 달성은 힘들어도 합계출산율은 반등할 수 있다는 의견을 냈습니다. 그는 "통계청에서 할 수 있는 일은 기존 자료의 추세를 연장하는 걸 수밖에 없습니다. 통계청이 사용한 모형에서 강조하고 있는 것은 출산 시기가 딜레이돼 왔다는 것입니다"라고 말했습니다. 이어 "평균 출산 연령이 계속 늦어지고 아이도 적게 낳고 있습니다. 이제 평균 출산 연령의 상승이라는 게 어느 정도 끝에 다다랐다는 의미입니다"라며 "더 늦게 낳는 것은 분명히 한계가 있을 것입니다"라고 덧붙였습니다.

즉 통계청의 추계는 지금 추세가 계속됐을 때, 템포 효과가 사라져 가고 있는 상황 속에서 합계출산율을 계산해보면 이게 조금씩 올라갈 것이라는 가정이 있는 것 같고, 그 모형에서 나온 결과가 1.21명이라는 해석입니다. 이에 계 교수도 "출산 지연이 어느 정도 끝물에 다다랐을 수 있으므로 출산율이 반등할 거 같습니다"라면서도 "통계청에서 가정하고 있는 것보다는 조금 회복 속도가 느릴 것 같습니다. 1.2명까지 상승하기는 조금 어려울 것 같고, 조금 높아 보이긴 합니다"라고 말했습니다.

서울 광진구 어린이대공원을 찾은 어린이와 가족들이 즐겁게 지내는 모습. ©노컷뉴스

통계청의 해석도 같은 맥락입니다. 임영일 통계청 인구동향과장은 장기적으로 봤을 때 계속 감소가 되면 이에 대한 반등이 있다며 "불과 2000년대 말만 하더라도 인구 폭발이었지 않나요. 그렇지만 불과 몇십 년 사이에 인구가 줄어들고 있다는 부분에서 많이 이슈가 되고 있습니다"라고 말했습니다.

이어 "장기적으로 봤을 때 이런 부분들이 어느 정도는 회복이 된다고 보고 있습니다. 다만 문제는 언제까지 떨어질 것이고 어느 시점에서 반등할 것이냐는 것인데 그건 좀 쉽지는 않은 부분인 것 같습니다"라며 "여러 정책적인 부분들을 젊은 층에서 어떻게 받아들일지가 중요합니다"라고 밝혔습니다. 즉, 혼인과 개인의 행복에 대한 가치가 과거와는 다른 상황에서 정책적인 부분으로 젊은 층의 혼인을 얼마나 유도할 수 있을지가 반등의 핵심이 될 것이라는 분석입니다.

[문답 속 일문일답④]

임영일 통계청 인구동향과장

Q 통계청도 혼인 건수를 출산율 선행지표로 인식하나요?

A 혼인해도 아이를 안 낳는 경향들이 있어서 예전보다 혼인 중요도가 조금 떨어지기는 했습니다. 그럼에도 혼인 이외의 출산보다는 혼인으로 인한 출산이 대부분이고 혼인하면 출산으로 이어지는 경우가 상대적으로 있다 보니까 통계청은 혼인 건수를 중요한 선행지표로 보고는 있습니다.

Q 정부가 해마다 바닥을 치는 합계출산율을 2050년부터 1.21명으로 오를 것이라 전제하고 국민연금 재정추계를 진행했는데 어떻게 생각하시나요? 합계출산율 상승 전망 근거로 코로나 엔데믹으로 인한 혼인 건수 증가, 2차 에코 세대의 출산 시점 도래를 들었습니다.

A 반등의 모멘텀은 되는데 이를 어떻게 받아들이느냐에 따라서 떨어질 수도, 반등할 수도 있는 여지가 있다고 보입니다. 전 세계적으로 보면 합계출산율 1.21명(2021년 통계청 장래인구추계 중 2050년 추계치)이라는 게 결코 높은 수치는 아닙니다. 1.21 명도 굉장히 가장 최저 수준인데 근데 문제는 지금의 상황이 너무 안 좋다 보니까 상대적인 부분으로 보이는 것입니다.

Q 과거 통계청은 한국 합계출산율이 0명대로 떨어진다는 것을 예상하지 못했던 것 같습니다. 어떻게 생각하시나요?

A 2015년 전까지는 합계출산율 추이가 왔다 갔다 했지만, 어느 정도 유지선이 있었습니다. 그런데 2015~2016년 이후부터 급격하게 떨어지기 시작했습니다. 하락 원인 등이 해결되지 않는 이상 추이 자체가 반등을 시켜줘야 하는데, 지금의 인식이라든가 이런 부분들이 장기적으로 봤을 때도, 반전되기는 그때보다 조금 더 어려워진 부분들이 있는 것 같습니다.

Q 다른 나라보다 한국의 합계출산율 급락 속도가 빠른 이유가 무엇인가요?

A 말씀드린 것처럼 연동이 된 것 같습니다. 일본에 비해 한국이 급격하게 높은 것은 일본 혼인 연령이 올라간 것처럼 우리나라도 같이 올라갔습니다. 무엇보다 혼인을 일단 안 한다는 것입니다. 우리나라가 혼인을 안 하는 비율이 일부 올라가고, 혼인하더라도 아이를 안 낳거나 아이를 낳더라도 예전에는 3명 낳았던 게 지금은 1~2명 이렇게 출산하다 보니까, 그런 것들이 결합이 돼 있어서 급속하게 떨어지는 것 같은 느낌입니다.

통계청은 2023년 12월 14일 기존 합계출산율 예측치를 더 내린 〈장래인구추계: 2022~2072〉를 발표했습니다. 통계청은 합계출산율(출산율)이 중위 시나리오에서 올해 0.72명에서 내년 0.68명으로 떨어지고, 이듬해인 2025년에는 0.65명으로 저점을 찍을 것으로 전망했습니다. 다만 반등은 분명히 있을 것으로 전망하며 2050년 1.08명까지 상승할 것으로 예측했습니다. 통계청은 저위 시나리오에선 2026년 합계출산율이 0.59명까지 내려갈 수 있다고 봤습니다. 합계출산율 0.6명 대가 깨질 수도 있다는 전망으로 2021년 장

래인구추계 발표 때보다 저출산 상황이 더 심각해졌다는 것을 의미합니다.

합계출산율 1명 이하, 대한민국이 유일할까요?

답 03.

"OECD 회원국 기준으로 합계출산율이 1명 미만인 나라는 한국이 유일했지만, 전 세계 수치를 비교한 결과 합계출산율 0명대를 기록한 나라는 또 있었습니다."

태어난 사람이 사망한 사람보다 줄어든 나라. 여성들이 평균적으로 1명의 아이도 낳지 않는 나라. 깨진 독에 280조의 예산을 쏟아붓는 나라. 인구 절벽 벼랑 끝에 선 대한민국 얘기입니다.

2023년 2분기에 이어 3분기까지 한국은 합계출산율 즉, 여성이 가임기 동안 낳을 것으로 기대되는 평균 출생아 수 0.7명을 기록하며 연속 최저치를 기록했습니다.

이 가운데 출산율을 언급할 때 가장 많이 인용되는 것은 OECD(경제협력개발기구) 수치입니다. 한국은 2013년부터 줄곧

OECD 국가 가운데 합계출산율 꼴찌를 기록하고 있습니다. 2020년 기준으로 합계출산율이 1명 미만인 나라는 유일하게 한국뿐입니다.

다만 OECD를 제외한 국가와 비교를 통해 객관적인 수치를 확보, 한국 저출산의 현주소를 정확하게 확인할 필요가 있습니다. 과연 전 세계 합계출산율 1명 이하는 대한민국이 유일한 것일까요?

미국 비영리 인구통계연구소인 인구조회국(PRB·Population Reference Bureau)의 〈인구 참고국의 2020년 세계 인구 데이터 시트〉에 따르면 대한민국 외에도 합계출산율 1명 이하인 나라가 있었습니다. 여기서 지목된 나라를 동등한 국가로 볼 수 있느냐를 놓고는 국제정치적 이해가 다를 수 있습니다.

미 인구조회국 자료에 따르면 대한민국과 마카오, 두 나라의 합계출산율은 2020년 기준 각각 0.9명으로 낮은 수치를 기록했습니다. 두 국가의 합계출산율은 모두 현재 인구 규모를 유지하는 데 필요한 수준인 2.1명에 못 미치는 정도입니다.

유엔의 〈인구통계연감 시스템〉을 보면 한국의 합계출산율은 2017년 1.052명, 2018년 0.977명, 2019년 0.918명, 2020년 0.837명으로 날개 없는 추락 중입니다. 마카오 또한 합계출산율이 2016년

1.138명, 2017년 1.019명에서 2018년 0.924부터는 0명대로 떨어졌습니다. 이후 2019년 0.932명, 2020년 0.892명을 기록하며 1명 이하로 낮아지는 추세입니다.

결론적으로 합계출산율 1명 이하는 한국이 유일하진 않았지만, 절망적인 합계출산율 수치를 기록한 건 여전했습니다.

"애 안 낳아요"… 홍콩도 무자녀 부부가 1자녀 부부 앞질러

홍콩 또한 합계출산율 1명이 못 미치는 나라였습니다. 홍콩은 통계청 기준으로 2019년 1.03명으로 1명대를 유지했으나, 2020년 들어서 0.87명, 2021년 0.75명, 2022년 0.76명으로 떨어졌습니다.

최근 홍콩 현지에는 무자녀 부부가 1자녀 부부를 앞질러 홍콩 가정의 최대 구성군이 됐다는 조사 결과가 발표됐습니다. 지난해 8월 16일 홍콩가정계획지도회(FPA)는 15~49세 홍콩 여성 1,502명을 대상으로 진행한 설문조사 결과를 통해 "홍콩 부부는 평균 0.9명의 자녀를 두고 있는 것으로 나타났습니다"라고 전했습니다.

해당 조사는 2022년 9~12월 홍콩의 기혼 여성 1,104명과 남성

파트너와 동거하는 비혼 여성 398명을 대상으로 진행됐으며 응답자의 43.2%가 무자녀 커플로 조사돼 2017년의 20.6%의 두 배 수치를 기록했습니다.

홍콩 가족계획 조사를 5년마다 실시하는 FPA는 결혼이 줄고 만혼이 늘어난 것이 저출산의 주된 원인이라고 지적했습니다. 폴 입 홍콩대 교수이자 FPA 명예 고문은 "결혼하는 사람이 줄어 출산율이 떨어졌습니다"라면서 "싱가포르, 런던, 도쿄 등 고소득 사회에서는 소가족이 표준이 되지만 홍콩은 특히 결혼하려는 사람이 적습니다"라고 설명했습니다.

FPA는 홍콩의 무자녀 부부 비율을 위험한 수준으로 지켜봐야 한다며 출산을 위한 정책 지원이 필요하다고 지적했습니다. 또 "여성들이 아이를 갖도록 장려하기 위해 보육 서비스 강화와 육아휴직 확대 등 더 많은 정책이 필요하고 임신 전 불임, 기타 성 및 생식 건강, 출산에 대한 의료 서비스의 접근성을 높이고 저렴하게 서비스를 제공하는 등 자녀 갖기를 원하는 부부를 지원해야 합니다"라고 강조했습니다.

입 교수는 "젊은 인구가 부족해진 홍콩 사회에서 인구 고령화 현상은 앞으로 몇 년 동안 점점 더 심각해질 겁니다"라며 "출산율을 높이기 위해서는 단순히 재정적 지원만 해서는 안 되고 노동시간과 아이 돌봄 서비스 등 전반적인 시각에서 문제해결에 나서야 합니다"라고 경고했습니다.

서울 종로구 광화문네거리 인근에서 시민들이 출근하는 모습. ©노컷뉴스

마카오, 홍콩 도시국가 공통점… '서울 공화국' 한국과 닮았다

OECD 국가 중 합계출산율 1명 이하로 대한민국이 유일했지만 전 세계 기준으로는 홍콩, 마카오 국가들에서도 0명대를 확인할 수 있었습니다.

마카오, 홍콩 그리고 한국. 이들 국가가 합계출산율 0명대로 내몰린 원인은 무엇일까요? 한국 저출산의 근본적인 원인이 서울 공화국에 있다고 말하는 인구학자가 있습니다. 도시국가로 취급되는 마카오와 홍콩, 한국의 수도권 인구 집중 현상은 많이 닮아있다는 것입니다.

문답 속 일문일답 ①

조영태 서울대학교 인구정책연구센터장

Q 홍콩, 마카오는 도시국가라는 공통점이 있습니다. 이 같은 특징이 합계출산율 0명대에 영향을 주었을까요?

A 합계출산율이 1.0명 미만인 곳은 도시국가들뿐입니다. 이들 국가는 밖으로 나갈 수 없다는 영토의 한계를 갖고 있지만, 한국은 마치 도시국가처럼 서울로만 청년들이 몰려들고 있습니다. 높은 밀도와 그에 따른 극심한 경쟁이 초저출산 현상의 가장 근본적인 원인이죠. 마카오, 홍콩 같은 도시국가는 갈 곳이 그곳밖에 없는데 내국인은 물론 외국인들의 집중도 높아져 경쟁이 커져만 갑니다. 경쟁이 심하면 생존이 재생산을 우선하는 것이 자연의 섭리입니다.

Q 도시국가로 변해가는 대한민국. 인구 절벽 해결책은 무엇이 있을지 궁금합니다.

A 2022년 한국의 합계출산율이 0.78명으로 떨어졌습니다. 그런데 서울시는 0.59명이었는데요. 서울에 청년들이 굉장히 많이 몰려 살고 있는데 이곳에 모인 이들끼리 경쟁이 심해지면 아이 낳는 거를 미루거나 혹은 포기하거나 하는 경우가 많습니다.

특히 서울 수도권 중심으로 여성의 일자리가 집중되어 있습니다. 우선 수도권 몰림 현상부터 해결해야 하고 그다음 청년들 사이에 심리적인 경쟁, 이런 것들이 좀 풀어져야 합니다.

한국은행 또한 최근 〈지역 간 인구이동과 지역경제〉 보고서를 통해 청년들의 수도권 쏠림 현상이 한국 저출산의 중요한 원인이라고 발표했습니다. 인구밀도가 높을수록 경쟁에서 살아남기 위해 출산을 늦추기 때문이라는 분석입니다.

보고서에 따르면, 국토의 11.8%를 차지하는 수도권에 한국 인구의 절반 이상(50.6%)이 살고 있습니다. 한국의 수도권 인구 비중은 2020년을 기준으로 경제협력개발기구(OECD) 26개 나라 중 가장 높습니다.

반면 인구 2~4위 도시의 합산 인구 비중은 중하위권 수준이었는데요. 세계적으로도 수도권 한 지역에만 인구가 이렇게 밀집된 것은 이례적입니다. 수도권 집중 현상은 지역 간 인구 자연 증감(출산·사망) 차이 때문이 아니라, 지역 간 이동에 따른 사회적 증감에 따른 것으로 봤습니다.

특히 15~34세 청년층의 수도권 유입이 가장 큰 요인이 됐습니다. 2015년 이후 2021년까지 수도권에서 순 유입 등으로 늘어난 인구의 78.5%가 청년층입니다. 반면 같은 기간 호남, 대구 경북, 동남권에서 감소한 인구의 87.8%, 77.2%, 75.3%가 청년층입니다.

이 가운데 청년층의 수도권 쏠림 현상은 저출산 문제의 원인으로도 지목됐습니다. 청년이 빠져나간 지역의 출산이 급감했지만, 수도권의 출산 증가가 이를 상쇄하지 못하면서 전국의 출산이 줄어들었다는 것입니다.

프랑스 국립 인구통계학 연구소(INED) 책임연구원과 인터뷰 장면. ©노컷뉴스

한편, 수도권 집중 현상으로 인한 저출산 가속화는 도시국가를 닮은 한국의 특수성인 것으로 로랑 툴르몽(Lurent Toulemon) 프랑스 국립 인구통계학 연구소(INED) 책임연구원은 분석했습니다.

그는 "보통 인구 같은 경우 주로 도시에 집중되어 있고 그 외 지역에는 인구밀도가 높지 않은 것이 특징이며, 사실 프랑스나 유럽은 인구밀도가 그렇게 높지 않기 때문에 한국에 비해 인구밀도 문제는 저출산의 주된 요인이 아닙니다"라고 내다봤습니다.

문답 속 일문일답 ②

로랑 툴르몽(Lurent Toulemon)
프랑스 국립 인구통계학 연구소(INED) 책임연구원

Q 한 인구학자는 한국의 저출산 문제에 대해 인구밀도가 높아지면 이로 인한 극심한 경쟁을 유발하며 출산율이 현저히 낮아지는 양상을 보인다고 지적했는데요. 이에 대해 동의하시나요? 프랑스 수도인 파리는 어떤 상황이고, 한국의 수도인 서울과 다른 합계출산율을 보이는 이유는 무엇인가요?

A 보통 인구 같은 경우 주로 도시에 집중되어 있고 그 외 지역에는 높지 않은 것이 특징이며, 사실 프랑스나 유럽은 인구밀도가 그렇게 높지 않기 때문에 한국에 비해 인구밀도 문제는 저출산의 주된 요인이 아닙니다. 한국과 프랑스의 합계출산율이 다른 이유는 오히려 주거 문제가 하나의 요인이라고 생각하고, 이는 출산율에 영향을 줄 것입니다.

Q 한국의 저출산 문제는 다양한 분야에 걸쳐 복합적인 요인이라고 파악되고 있습니다. 반등의 시점을 기다리기에는 굉장히 오랜 시간이 걸리겠지만, 속도보단 방향이 중요하다고 생각합니다. 무거운 숙제를 떠안는 상황인데요. 한국 정부가 가장 빠르게 끝내야 하는 숙제 한 가지를 꼽아주신다면?

A 사실 프랑스는 안정적인 출산율을 유지하고 있고 이에 대한 문제의식이 없습니다. 하지만, 한국은 심각한 상황인데 1명 이하이기 때문에 한국 사회가 이에 대해 큰 공포가 있을 것으로 예상됩니다. 가족 지원 정책이 중요하지만, 사실 한국은 이미 좋은 정책이 있고 이것으로만 해결하기 어려운 것으로 보입니다.

많은 복합적인 문제들이 있지만 해결해야 하는 것은 경제적 부분, 국가에서 아이를 양육하고 교육하는 데 들어가는 비용을 절감하는 정책을 펴는 것, 여성과 남성이 동등한 권리를 갖도록 평등을 이루는 것이 가장 중요한 사항이라고 할 수 있습니다.

그중에서도 가장 우선 과제는 여성이 남성에 대해 동등한 권리를 갖도록 하는 것이 가장 중요합니다. 많은 전통적인 사회에서 보이는 문제인데, 여성의 권리 성장이 중요한 키라고 생각합니다.

게르다 네이어(Gerda Neyer) 스톡홀름대학교 사회학과 연구원·앤 조피 뒤벤더(Ann-Zofie Duvander) 스톡홀름대학교 사회학과 교수 인터뷰 장면. ©노컷뉴스

韓, 53년 만에 합계출산율 최저치 기록 …'인구 절벽' 늪에 빠진 지구

전 세계적으로 이어진 저출산 기류를 전문가들은 어떻게 분석하고 있을까요? 앤 조피 뒤벤더(Ann-Zofie Duvander) 스톡홀름대학교 사회학과 교수는 삶에 대한 불확실성을 이유로 들었습니다.

게르다 네이어(Gerda Neyer) 스톡홀름대학교 사회학과 연구원은 저출산 문제는 코로나19로 인한 급격한 사회 변화와 이에 따른 젊은 세대의 높아진 워라밸(일과 삶의 균형)의 중요성이 가속화를 이끌었다고 내다봤습니다.

문답 속 일문일답 ③

앤 조피 뒤벤더(Ann-Zofie Duvander)
스톡홀름대학교 사회학과 교수

Q 한국의 합계출산율 수치가 역대 최저치를 기록했습니다. 전 세계적으로 저출산 기류가 이어지고 있는데요. 교수님은 어떻게 분석하고 계시나요?

A 우리는 산업화가 진행된 모든 국가든, 복지체계를 가지고 있는 국가든, 전체적으로 출산율이 감소하고 있는 것을 볼 수 있었습니다. 그 이유로 삶의 전반적인 부분에 대한 불확실성이 크다고 생각합니다. 전쟁뿐만 아니라 학업을 끝냈지만, 좋은 직장을 가질 수 있을지에 대한 불안감 등이 있습니다. 즉, 이런 삶의 전반적인 부분에 대한 불확실성과 불안함이 출산율에 영향을 미친다고 보고 있습니다.

젊은 세대들이 미래에 대해 조금 다른 관점을 가지고 있는 것이 아닌가 하는 생각을 합니다. 물론 전 세계적으로 삶이 불확실해지고 불안정해졌는데요. 금융위기도 한 부분이긴 하지만, 요즘 세대들은 젊었을 때 모험과 여행을 같이 즐기는 삶을 살고 싶은 것 같습니다. 흥미로운 점은 모든 국가에서 비슷한 모습이 확인된다는 점입니다. 2008년 금융위기를 시작으로 미국, 아르헨티나와 같은 보수적인 복지국가부터 이제는 한국뿐만 아니라 모든 북유럽 국가에서도 비슷한 양상을 보입니다.

출산을 결정하는 데 또 다른 중요한 요인으로는 경제 상황을 볼 수 있는데요. 스웨덴에서는 특히 현재 대출이자율이 높아져서 주택 구매를 불안해하며, 경제적 상황이 나아질 때까지 기다리는 추세입니다. 많은 사람이 지금 상황이 좋지 않다고 느끼고 있습니다.

문답 속 일문일답 ④

게르다 네이어(Gerda Neyer)
스톡홀름대학교 사회학과 연구원

Q 한국 통계청은 코로나19로 인한 경제 저성장으로 출산율 반등 어렵다고 예측했습니다. 코로나19 상황은 저출산에 영향을 미쳤을까요?

A 코로나19가 여러 국가에 다른 영향을 미친 것에 동의합니다. 여러 연구에서 확인된 것은 젊은 세대들이 워라밸에 더 많은 중점을 두기 시작했다는 것입니다. 다수의 국가에서 근무 시간을 줄이는 것에 대한 논의가 이루어졌는데, 코로나19는 이를 가속한 것 같습니다. 그 이유는 봉쇄와 같은 조치로 인해 새로운 상황에 처해졌고 집에 있는 시간이 늘어났기 때문입니다.

한국의 상황은 어떨까요? 2022년 대한민국 합계출산율은 0.78명으로 집계됐습니다. 이 같은 수치는 통계청이 출생 통계를 제공하

기 시작한 1970년 이래 역대 최저치입니다.

임영일 통계청 인구동향과장은 "저출산 기류가 계속 이어지는 것 같습니다"라면서 "통계 수치로도 확인할 수 있듯이 혼인 비율 자체가 떨어지고 있고, 혼인하더라도 아이를 낳지 않는 비율도 꾸준히 늘어나고 있습니다"라고 봤습니다. 오상윤 대한 분만 병의원 협회 사무총장도 합계출산율 0.7명은 이미 예견된 일이라며 의견을 보탰습니다.

문답 속 일문일답 ⑤

임영일 통계청 인구동향과장

Q 2022년 대한민국 합계출산율은 0.78명으로 집계됐습니다. 통계청에서는 급격히 떨어지고 있는 수치를 어떤 관점으로 바라보고 계시나요? 또 미래 한국의 합계출산율을 어떻게 예측하고 계시나요?

A 2, 3명 아이를 출산했던 부분이 1, 2명 대로 줄어들면서 꾸준히 하락하는 추세입니다. 저출산이 막을 수 없는 시대의 흐름일 수 있지만, 코로나19 시대를 지나오면서 혼인이 많이 감소했던 부분도 영향을 미쳤다고 생각합니다.

또 통계청의 〈장래 인구 추계 시나리오 2020〉에 따르면 2024년 바닥을 찍고 2030년 0.96명 반등한다는 예측인데요. 이는 2020년 기준으로 추계를 한 것입니다. 이후에도 추계를 하므로 수치가 달라질 수 있겠고 장래 대한 부분이다 보니 단기·장기적인 부분의 차이가 있을 수 있습니다.

문답 속 일문일답 ⑥

오상윤 대한 분만 병의원협회 사무총장

Q 2023년 2~3분기 합계출산율 0.7명 예상하셨나요?

A 이미 예견된 일입니다. 통계청 기준인 연간 출생아 수는 1990년대만 해도 한해 70~80만 명 정도 태어나다가, 2002년부터는 50만 명 이하로 떨어졌고, 2017년에는 40만 명도 무너진 35만 7천여 명의 아이들이 태어났습니다. 비혼율도 올라가고 출산에 참여하는 국민 수가 기하급수적으로 줄어드는데 합계출산율이 늘어나는 건 힘든 부분입니다.

Q 최근 제주에서 300km 이상 떨어진 전북대병원으로 소방헬기가 이륙했습니다. 헬기에는 출산 직전 임신부가 타고 있었습니다. 제주에서 안전한 출산을 보장받지 못해서입니다. 저출산 상황 속 분만 인프라가 붕괴하고 있는 현실에 대해 어떻게 보고 계시는지요.

A 안성시 같은 경우 분만하는 곳이 없어 분만 취약지로 선정된 바 있습니다. 경기도나 수도권에서 분만할 병원이 없는 시·군·구가 생길 판인데 지방은 오죽하겠습니까. 국가는 이런 부분을 방치하지 말고 분만이라고 하는 의료를 공공이 떠안아야 합니다.

그래도 희망은 있다… 9남매 다둥이 가정도 있어요

40대 후반의 엄마가 아홉 번째 아이를 출산한 소식은 심각한 저출산 시대에 보기 드문 일입니다. 자연분만으로 핏덩이를 처음 품에 안았을 때 산모 강민정(46) 씨는 "모든 아이가 태어날 때처럼 9

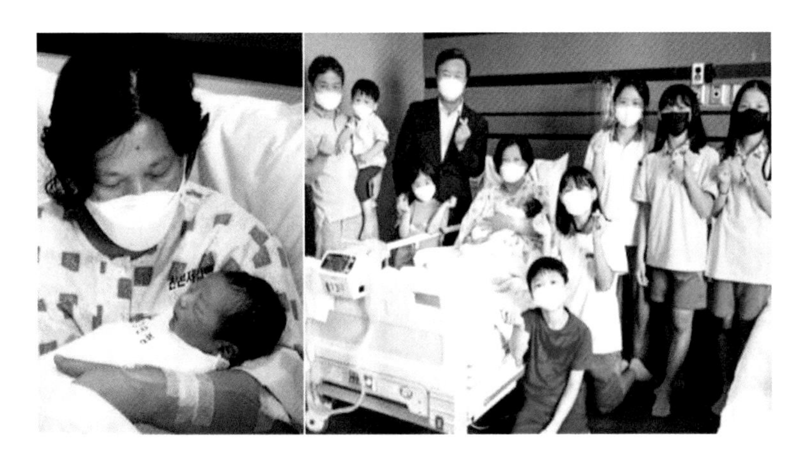

9남매 다둥이 산모 강민정 씨. ©노컷뉴스

번째 출산이 감격스러웠고, 아기를 출산한 어머니들에게 감사한 마음이 느껴지는 순간이었습니다"라고 회상했습니다.

경기 의왕시에 거주하는 강민정·황의성 부부는 지난해 8월 4일 오전 11시 34분 자연분만으로 3.15kg의 아들 요셉이를 순산했습니다. 강 씨 부부의 첫아이는 2006년 태어난 딸입니다. 이번에 막내 아들을 얻으면서 딸, 세쌍둥이 딸들, 아들, 딸, 아들 순서로 3남 6녀를 둔 대가족으로 탄생했습니다. 원래 '3명 정도 낳아 잘살아 보자'는 마음이었지만, 강 씨는 셋째를 임신하고 확인하러 갔을 때 깜짝 놀랐다고 합니다. 뱃속에 세 아이가 자라고 있었던 겁니다.

세 번째 출산이 세쌍둥이가 되면서 정신없는 몇 년을 보냈습니다. 그는 "아이들이 조금씩 자라고 서로 도와주니 생각보다 육아가

수월했습니다"라면서 이후 출산에 대해 "다섯 명도 키우는데 한 명 더 있어도 괜찮지 않을까 하는 마음으로 쭉 늘어난 것 같습니다"라고 전했습니다.

아이가 주는 행복도 컸지만, 경제적인 사정을 무시할 수 없었을 텐데요. "어릴 때야 기저귀 정도 지출이 나가 큰 부담은 없었는데 아이들이 크다 보니 식비가 점점 늘어나고, 현재는 교육비가 제일 큰 부담이 됩니다"라고 강 씨는 말했습니다.

다둥이 가족에게 정부에서 지원하는 출산지원금은 큰 힘이 됐습니다. 정부에서 지원해 주는 임신 축하금부터 부모·아동 수당도 받았습니다. 넷째 이상 출산 시 의왕시에서 출산장려금 500만 원을 받는 동시에 산후 조리비도 알뜰하게 챙겼습니다.

저출산 극복을 위해 우리 가정이 작은 희망이 됐으면 하는 바람이라고 전한 그는 "처음에는 내 몸이 회복이 안 된 상태로 모유를 먹이면서 아이를 기르는 게 힘들 때도 있지만, 몸도 회복되고 아이도 커가면서 어느 정도 괜찮아지는 시기는 분명 옵니다. 출산으로 힘든 순간은 잠깐이고 금방 기쁨으로 돌아올 것입니다"라고 당부했습니다.

저출산, 저출생으로 대체 사용해도 될까요?

답 04.

"저출산과 저출생은 학술적으로 다른 의미를 지녔고 다른 목적으로 사용됩니다. 정확한 출산율 대책 마련을 위해서는 정확한 용어 사용이 필요합니다. 논의가 시작된 배경인 성평등을 위해서라면 여성의 일·가정 양립, 남성의 육아 참여 확대를 이야기하는 것이 더 중요할 것입니다."

"저출산을 저출생으로 변경해 인구 감소 현상의 성차별적 요소를 방지해야 합니다."

— 박광온 더불어민주당 의원

"저출산을 저출생으로 바꾼다면 여성들이 아이를 낳지 않는 것이 문제가 아니라 아이들이 많이 태어나지 않는 것이 문제라는 인식 변화를 불러올 수 있습니다."

— 안철수 국민의힘 의원

저출산 극복을 위한 다양한 대책이 논의되고 있는 가운데, 저출산이라는 용어를 바꿔야 한다는 주장이 나왔습니다. 박광온 더불어민주당 의원, 안철수 국민의힘 의원 등은 2022년 '저출산·고령사회기본법' 개정안을 발의하며 이같이 말했습니다. 현재 우리나라 법률 및 행정 등에서는 저출산 용어를 사용하고 있습니다. '저출산·고령사회기본법'에 저출산으로 규정돼 있기 때문입니다.

용어 교체 내용을 담은 법안은 21대 국회에 5건 발의되었습니다. 여러 국회의원은 저출산이라는 단어가 여성에게 책임을 지우고 있다고 지적합니다. 출산은 '아이를 낳음'이라는 뜻으로 주체인 여성을 부각하는 용어고, 저출산은 그 문제의 책임이 여성에게 있는 것으로 오인하게 한다는 것이죠. 그러니 '아이가 태어남'이라는 뜻의 중립적인 뜻의 출생을 사용하자는 것입니다.

특히, 안철수 의원은 출산율과 성평등이 밀접한 관련이 있다며 개정안이 저출산 해결의 마중물이 될 것임을 시사하기도 했습니다. 안 의원은 "경제협력개발기구(OECD) 주요 국가 중 성평등 수준이 높은 국가들이 출산율도 높습니다"라며 "우리나라 저출산 해소를 위해서는 사회적으로 성평등 문화를 확산·정착해야 합니다"라고 강조했습니다.

얼핏 말장난 같기도 한 이 논의는 안 의원의 설명에서 알 수 있듯 성평등 맥락에서 중요하게 이야기됐습니다. 언어는 우리의 사고 방식에 영향을 미치니 좀 더 섬세한 언어로 저출산 문제를 풀어가자는 것이죠. 게다가 저출산 대책을 펼치던 정부가 여성을 도구화했던 전력이 있기에 중립적 언어 사용에 대한 요구는 더욱 커졌습니다.

2016년 당시 행정자치부(행자부)는 저출산 문제를 극복하기 위한 일환으로 〈대한민국 출산지도〉를 만들었습니다. 243개 모든 지자체의 출산통계와 출산 지원 서비스를 한눈에 볼 수 있는 사이트였죠. 지역별 합계출산율, 모의 평균 출산 연령, 평균 초혼 연령 등 결혼·임신·출산 통계와 지원 혜택 등을 확인할 수 있었습니다.

이중 문제가 된 것은 가임기 여성(15~49세) 인구 수를 보여주는 '가임기 여성 인구 수' 항목이었습니다. 전국 지도에서 각 지자체를 클릭하면 해당 지자체에 가임기 여성이 얼마나 거주하는지 1명 단위로까지 나타났습니다. 지역별로 가임 여성 수의 순위를 매기기도 했죠. 많은 시민이 '여성을 아이 낳는 도구로 보는 것이냐?', '모든 책임을 여성에 전가하는 것이냐?'라며 불쾌감을 표했고, 결국 해당 사이트는 하루 만에 문을 닫았습니다.

후술하겠지만 가임 여성 수는 출산율을 계산하는데 필요한 수치입니다. 이를 의식한 듯 행자부는 수정 공지문을 통해 "대한민국 출산 지도는 국민에게 지역별 출산통계를 알리고 지역별로 출산 관련 지원 혜택이 무엇이 있는지 알리기 위해 제작한 것으로, 여기에 언급된 용어나 주요 통계 내용은 통계청 자료를 활용해 제공한 것"이라고 해명했습니다. 그러나 고민 없는 데이터 선별, 정보를 늘어놓는 것에 그친 행정은 빈축을 사기 충분했죠.

그로부터 4년 뒤 서울시 여성가족재단은 저출산을 저출생으로 바꿔 사용할 것을 제안합니다. 일상 속 단어 중 차별적 요소가 있는 단어를 대체하자는 것인데요. 이때부터 저출산, 저출생을 둘러싼 의논이 본격화되기 시작했습니다.

'저출생'이 더 중립적?… "정확한 대책 위해 정확한 용어 써야"

저출생은 더 중립적이며 저출산을 대체할 수 있는 표현일까요? 전문가들은 용어 변경의 취지에는 공감하면서도 학술적으로 다른 두 용어의 정확한 사용이 필요하며, 성평등 관점에서도 그리 생산적인 논쟁이 아니라는 입장입니다.

합계출산율(Total fertility rate)은 가임기 여성 1명이 평생 낳을 것으로 예상하는 평균 자녀 수를 뜻합니다. 현시점에서 여성의 미래 출산 여부를 추적할 수 없으므로, 그해 연령별 출산율을 지표 삼아 계산합니다. 출생률(조출생률, Crude birth rate)은 1년간 인구 1천 명당 태어난 출생아 수를 의미합니다. 남녀노소를 포함한 전체 인구 대비 출생아 수로, 특정 지역 또는 인구 집단에서 아이들이 얼마나 태어났는지를 나타내죠. 즉, 합계출산율은 가임기 여성 수를 기준으로 예측한 지표, 출생률은 인구 1천 명당 실제 출생 통계입니다.

둘은 측정 방법뿐 아니라 사용 목적도 다릅니다. 합계출산율은 국가별 출산율 비교나 인구수 변화 예측을 위한 주요 기준으로 활용되며, 정부 기관 발표나 통계에서 나오는 출산율은 주로 합계출산율을 의미합니다. 〈대한민국 출산지도〉에 왜 '가임기 여성 인구수' 항목이 있었는지를 짐작할 수 있는 대목이죠. 반면 출생률은 특정 지역 또는 국가에서 얼마나 많은 아이가 태어났는지를 비교하고 인구 흐름을 분석하는 데 쓰입니다. 따라서 출산율이 낮다는 의미의 '저출산'과 출생률이 낮다는 의미의 '저출생'도 각각 다른 의미를 갖습니다.

정재훈 서울여자대학교 사회복지학과 교수는 "예를 들어 1980년대에 저출산이 시작됐지만 저출생 시대는 아니었습니다. 또 현재 출산율은 낮지만, 출생률은 높은 지역도 있습니다"라며 "여성이 왜 아이를 안 낳는지 그 선택에 주안점을 두려면 저출산에 초점을, 지역을 들여다보려면 출생률을 봐야 합니다"라고 두 개념이 다름을 강조했습니다. 가임 여성 숫자가 적으면 출산율이 높아도 출생률은 높지 않습니다. 1명당 출산아 수는 높지만, 전체 숫자가 적기 때문입니다. 반면 여성의 숫자를 포함한 전체 인구가 높으면 저출산이 나타나도 출생률은 높아집니다. 정 교수가 언급한 80~90년대 베이비붐 세대의 출산하기 시작했던 시기가 그 예입니다.

문답 속 일문일답 ①

정재훈 서울여자대학교 사회복지학과 교수

Q 저출산을 저출생으로 사용해도 될까요?

A 저출생이라는 단어는 서울시 여성가족재단에서 성평등 단어를 펼치며 나온 말입니다. 국가가 출산의 책임을 여성에 전가하고, 여성에 아이를 낳으라며 대상화했던 출산 장려 정책 전적이 있다 보니 여성들을 중심으로 이런 문제 제기가 이뤄졌었죠.

하지만 저출산은 저출산이고 저출생은 저출생입니다. 최근은 저출산과 저출생이 동시에 일어나고 있고요. 출산율은 높지만, 출생률은 낮은 지역도 있습니다. 정치적 운동 차원에서 저출생을 부각할 수 있을 진 모르겠지만 두 단어는 서로 모양이 비슷할 뿐이지, 같은 의미는 아닙니다.

전문가들은 용어를 바꿀 경우 소통의 혼란이 생길 것을 우려했습니다. 계산 식도 목적도 다른 두 단어를 대체 사용하거나 혼용할 때 학자들끼리의 소통, 대중과의 소통이 어려워진다는 것입니다. 또, 저출생이라는 단어를 사용한다고 성평등 문제가 해결되지 않을 것이라는 견해를 보였는데요. 출산이라는 개념 자체에 남성의 역할을 포함하는 식의 사회적 논의를 하는 것이 훨씬 생산적일 것이며 남성이 아이를 키우는 데 적극적으로 참여한다면 어떤 단어를 사용하느냐는 더 이상 문제가 되지 않을 것이라고 짚었습니다.

문답 속 일문일답 ②

계봉오 국민대학교 사회학과 교수

Q 저출산을 저출생으로 사용해도 될까요?

A 태어나는 아이를 기준 삼으면 출생이라는 표현을 쓰고, 아이를 낳는 행위를 나타낼 때는 출산이라는 표현을 쓰는 것 같습니다.

출산율이라는 표현을 피하려고 출생률이라는 표현을 쓰는 것은 아무런 이득도 없고 혼란이 생기지 않을까 싶습니다. 어떤 분들은 무리하게 합계출생률이라는 단어를 사용하는데 그것은 틀린 표현입니다. 합계출산율이라는 단어는 가임기 여성을 기준으로 한 학술적·통계적 용어이기 때문입니다.

물론 '출산'을 '출생'으로 표현하는 것은 80~90% 이상 대체해도 무리가 없을 것 같기도 합니다. 그러나 출생이라는 용어를 쓰다고 해서 여성이 출산의 주체로 호명되는 것이 해결되는 것은 아닙니다. 출산이라는 개념 자체에 남성을 포함하는 식으로 사회적 논의, 남성과 여성이 함께 출산하는 것으로 우리의 인식을 바꾸려는 노력이 훨씬 생산적일 것입니다.

용어의 재의미화 움직임도 있었습니다. 이상림 한국보건사회연구원 연구위원은 "저출산과 저출생에 관해 논쟁이 있었지만, 인구에 대한 이해가 높아지며 오히려 저출산을 쓰는 분위기"라면서

"'여성이 아이를 안 낳는다'라는 개념이 아닌 '아이를 낳지 않는 환경이 됐다'라며 사회에 책임을 묻는 의미로 해석하고 있습니다"라고 설명했습니다. 신경아 한림대학교 사회학과 교수도 "최근 학자들은 여성의 주체적 판단과 적극적 결정을 강조하는 의미로 출생이 아닌 출산을 쓰는 분위기입니다"라고 답했습니다.

문답 속 일문일답 ③

이상림 한국보건사회연구원 연구위원

Q '출생률'이 더 중립적인 용어일까요?

A 명확히 다른 용어입니다. 몇 년 전 한 여성단체가 세계적으로 출산율보다 출생률을 더 많이 쓴다며 두 단어가 같은 의미인 것처럼 소개한 적이 있는데 해프닝일 뿐 아예 다른 용어입니다. 계산 식이 다르므로 인구학자로서는 터무니없는 주장으로 느껴집니다. 학계 사람들 사이에서 저출산이냐 저출생이냐 토론이 있었어도 출산율과 출생률은 논쟁거리가 된 적이 없습니다.

예전에는 저출산은 여성을 도구화하는 용어라며 저출생이 맞다는 분위기가 있었습니다. 그러나 요즘은 저출산을 사용해야 한다는 사람들이 더 많아지고 있습니다. 인구에 대한 이해도가 높아졌기 때문입니다. 저출산 책임을 여성에 지우는 것이 아니라 사회에 묻는 것이다, 우리 사회가 아이를 낳지 않는 환경이 되었고 사회가 그걸 보호해 주지 못하고 있다는 의미의 적극적인 해석을 해야 한다는 것이지요.

문제는 용어 아냐…
성평등 없이 저출산 해결 안 된다

두 단어가 다른 개념을 가지고 있고 다른 목적으로 쓰인다는 것을 확인했습니다. 그렇다면 출산율 제고를 위해 실질적으로 필요한 것은 무엇일까요?

주목할 만한 연구가 있습니다. 여성의 경제 활동이 증가하고 일과 양육을 병행할 수 있는 환경이 조성될수록 출산율도 증가한다는 연구 결과입니다. 20세기 후반까지만 해도 저출산의 주된 요인으로 여성의 경제 활동 참여가 지목돼 왔습니다. 일하는 여성은 출산과 커리어 중 하나를 선택해야 하기 때문에 반비례 관계가 나타난다는 것이죠. 그러나 최근 이러한 담론을 뒤집는 역전 현상이 생겨났습니다.

미국경제연구소(NBER)가 2022년 발표한 〈출산의 경제학; 새로운 시대〉에 따르면 여성의 경제 참여율과 출산율이 반비례로 나타난 1980년도와 달리, 2000년대 들어 여성의 노동참여율(LFP : Labor Force Participation)이 높아질수록 출산율도 반등하는 것으로 나타났습니다. 〈출산의 경제학; 새로운 시대〉 연구진은 남성의 육아·집안일 기여도와 출산율에도 주목했습니다. 남성의 기여도가 높은 스웨덴·아이슬란드·노르웨이·핀란드·미국 등 상위 5국은 모두 합

Figure 8: Fertility and GDP per capita across OECD Economies

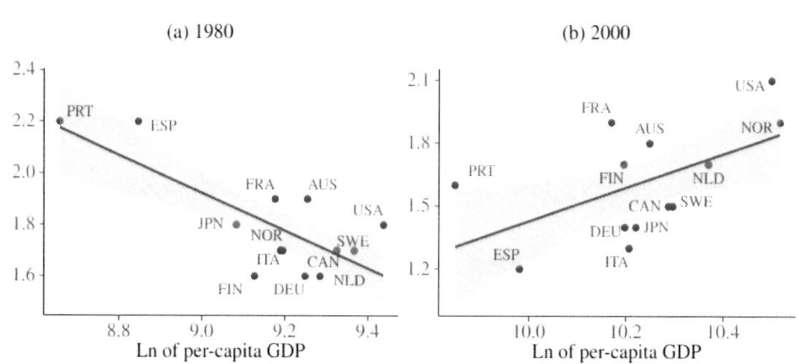

Notes: We plot total fertility rates against the natural log of per-capita GDP in 1980 and 2000. Data on total fertility rates comes from OECD (2021), "Fertility rates" (indicator), https://doi.org/10.1787/8272fb01-en (accessed on 30 June 2021). Data on per-capita GDP comes from OECD (2021), "Level of GDP per capita and productivity," https://stats.oecd.org/ (accessed on 30 June 2021). GDP per head of population is expressed in current USD. We plot the 13 OECD countries for which data on female labor supply is available in 1980, excluding South Korea, making the sample consistent with the one used in Figure 11.

시대에 따른 출산율과 여성 노동력 참여. ©NBER 〈출산의 경제학: 새로운 시대〉

계출산율이 1.8명을 넘었지만, 기여도 낮은 하위 5국은 1.5명 미만이었습니다. 일본, 한국, 폴란드, 슬로바키아 등이 여기에 속했습니다. 연구팀은 남성이 육아를 거의 하지 않는 나라에서는 여성들이 둘째를 낳지 않을 가능성이 더 클 것으로 분석했습니다. 이들은 '여성의 일·가정 양립'을 가능케 하는 요소가 곧 출산율 반등을 만드는 요인이라고 설명했는데요. 워킹맘에 우호적인 사회 분위기, 육아휴직 활성화, 남성의 육아 참여 확대, 육아를 마친 남녀를 위한 유연한 노동시장을 출산율 상승을 위한 전제 조건으로 내세웠습니다.

<연령대별 여성 고용률>

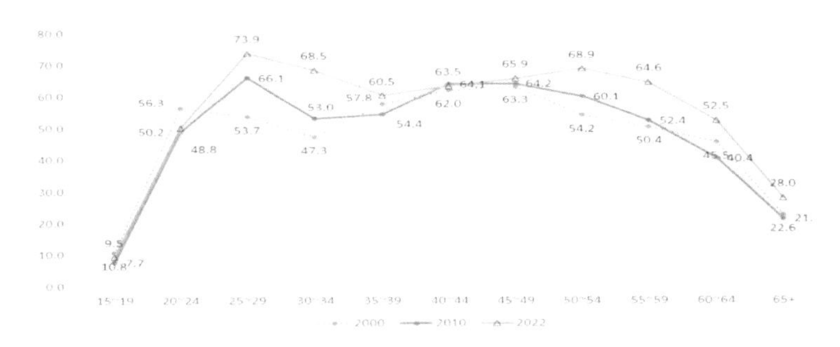

연령대별 여성 고용률 ©2023 여가부 〈통계로 보는 남녀의 삶〉 보고서

출산율 위기를 겪는 우리나라는 여성의 일·가정 양립이 가능한 상황일까요? 여성이 30대에 결혼·출산·육아로 경력 단절을 경험하는 M자형 곡선이 여전히 나타나고 있습니다. 통계청이 발표한 〈2023년 상반기 지역별 고용 조사-기혼 여성의 고용 현황〉에 따르면 15~54세 기혼 여성 794만 3천 명 중 비취업 여성은 283만 7천 명이었고, 이 가운데 경력 단절 여성은 134만 9천 명이었습니다. 전체 기혼 여성 대비 경력 단절 비율이 가장 높은 여성 연령대는 30대였습니다. 또 자녀가 많을수록, 자녀가 어릴수록 경력 단절 여성 비율이 높아지는 것으로 집계됐습니다. 경력 단절 사유로 '육아'를 꼽은 여성이 56만 7천 명(42.0%)으로 가장 많았고, 결혼 35만 3천 명(26.2%), 임신·출산 31만 명(23.0%), 자녀 교육 6만 명(4.4%)이 뒤를 이었습니다.

이는 유자녀 여성에게 노동시장이 호의적이지 않기 때문입니다. 미국 싱크탱크 피터슨국제경제연구소(PIIE) 제이컵 펑크 키르케고르(Jacob Funk Kirkegaard) 선임연구원의 〈한국 노동시장에서 성별 격차가 지속되는 이유(2022)〉에 따르면 자녀가 없는 미혼 여성의 고용률은 남성과 큰 차이가 없었습니다. 반면 자녀가 있는 기혼 여성은 남성뿐 아니라 미혼 여성의 고용률보다 낮은 것으로 분석됐습니다. 키르케고르는 국내 한 매체와의 인터뷰에서 한국이 성평등을 이루기 전까지 출산율 반등은 어려울 것으로 전망했는데요. "세계에서 가장 많이 교육받은 여성들에게 가사 노동과 양육을 전적으로 부담시키고, 여성이라면 힘든 삶을 받아들여야 한다고 강요하는 사회에서 출산율이 낮은 건 당연합니다"라는 비판입니다.

남성의 육아 참여는 제대로 이뤄지고 있을까요? 여성가족부의 〈2021 양성평등 실태조사〉에 따르면 12세 이하 아동이 있는 집에서 여성이 평일 돌봄에 쓰는 시간은 3.7시간으로 남성(1.2시간)보다 세 배 이상 많았습니다. 맞벌이 가정에서도 돌봄 시간은 여성(1.4시간)이 남성(0.7시간)의 두 배로 나타났습니다. '아내가 주로 가사·돌봄을 부담한다'라는 응답은 68.9%에 달했고 맞벌이 가정에서 '전적으로 또는 주로 아내가 가사와 돌봄을 한다'라는 비율이 60%를 웃돌았습니다.

이윤석 서울시립대학교 도시사회학과 교수는 "여성들은 직업이냐 가족이냐 둘 중 선택하는 상황에 놓이게 됩니다. 두 가지를 병행할 수 없다고 생각하니 혼인율이 낮아지고 출산율도 낮아지는 것입니다"라며 육아 부담을 사회적으로 줄여줘야 한다고 말했습니다. 부부의 경제적 지원에 초점을 맞춘 정책이 아닌 여성의 '일·가정' 양립할 수 있는 육아에 초점을 맞춘 대책이 필요할 때입니다.

문답 속 일문일답 ④

신경아 한림대학교 사회학과 교수

Q 출생률, 저출생이 더 성평등한 단어라고 볼 수 있나요?

A 두 단어는 다른 개념입니다. 현재 우리나라는 출산율도 출생률도 낮지만, 방향이 다른 단어를 혼용하는 것은 우려스럽습니다.

Q 저출산 문제를 어떻게 평가하시나요?

A 세계 여러 여성학자는 한국 여성들이 출산파업을 벌이고 있다고 이야기합니다. 출산을 명백하게 거부하고 있다는 것입니다. 한국 사회는 여성이 출산과 경력, 두 가지를 병행할 수 없는 사회입니다. 출산하면 여성이 불리해지므로 거부하고 회피하고 있는 것이죠.

2000년대 초 일본의 합계출산율이 낮아졌던 당시, 학자들은 국가가 제대로 개선하지 않으니, 여성들이 조용히 사회 밖으로 탈출하고 있다고 평했습니다. 우리나라도 똑같은 일이 벌어지고 있습니다.

일과 양육을 함께할 수 있는 사회 시스템이 마련되지 않고 남성이 동등한 책임을 진 양육자로 서지 않는 한 저출산 문제는 해결되지 않을 것입니다.

Q 세계경제포럼(WEF)의 성 격차지수(GGI) 2022년 보고서에 따르면 우리나라는 149개국 중 99위를 차지했습니다. 이걸 어떻게 받아들여야 할까요?

* 세계경제포럼(WEF)은 2006년부터 성 격차지수보고서를 발간하고 있습니다. ▲경제적 참여 및 기회 ▲교육 성취도 ▲건강과 생존 ▲정치적 권한 부여 항목을 평가해 각 나라의 순위를 매깁니다.
2022년 보고서에 따르면 우리나라는 교육 성취도와 건강 및 생존은 성 격차가 크지 않은 것으로 나타났습니다. 하지만 경제 활동 참여 기회는 0.592로 115위, 정치적 권한 부문은 0.212점으로 낮았습니다.
다만, GGI 지수는 각 사회의 절대적 수준을 고려하지 않고 남녀 간의 격차만을 평가하는 상대평가입니다.

A 99위라는 숫자를 단순하게 받아들일 필요는 없습니다만, '정치적 권한 부여', '경제적 참여 및 기회' 항목의 성 격차에 주목할 필요가 있습니다. 이는 오랫동안 지적됐음에도 큰 변화가 없습니다.

전 세계의 학자들이 한국 사회에 의아함을 표하고 있습니다. 전체 경제 수준이 높고 여성 학력 수준이 높은 나라에서 왜 정치적 권한 부여 항목의 격차는 큰지 말입니다. 이것은 결국 가장 중요한 권력 영역에서 아직도 동등하게 길을 열어주지 않는다는 의미입니다. 여성이 경제적, 정치적 권한을 가질 접근성이 제한적이고, 기회에 배제돼 있다는 것입니다. 이는 가장 중요한 권력의 영역이기도 합니다.

이것은 결국 다른 면의 사회격차의 원인이 되고 있으므로 적극적으로 개선해야 합니다. 개인의 노력으로 해결되기 어려운 분야입니다. 여성할당제, 유리천장 해소 등 제도적 개선 방안이 마련되어야 합니다.

여성 '일·가정' 양립 위해서는…'노동 개혁' 필요

클라우디아 골딘 교수. ⓒ하버드대학교

올해 노벨 경제학상을 수상한 클라우디아 골딘(Claudia Goldin) 하버드대학교 교수는 남녀 사이에서 임금 격차가 벌어지는 주된 원인으로 탐욕스러운 일자리(Greedy work)를 지목했습니다. 이 탐욕스러운 일자리 개념을 통해 여성이 왜 노동시장에서 불리해지는지를, 여성의 일·가정 양립을 위해서는 무엇이 필요한지를 설명할 수 있습니다.

오늘날에는 남성과 여성이 비슷한 수준의 교육을 받고 있고, 성별에 따른 임금 차별이 적습니다. 그러나 같은 출발선상에 서더라도 졸업 후 10년쯤이 지나면 여성은 노동시장에서 다른 역할을 맡게 되며 임금 격차가 커집니다. 골딘 교수는 가차 없는 밀도의 장시간 노동을 요구하며, 이를 대가로 높은 임금을 지급하는 탐욕스러운 일자리에 주목하는데요. 아이가 태어나면 남성은 주로 높은 보수의 일자리에 남고, 여성은 시간 선택이 유연한 일자리로 옮겨 양육 등을 도맡는 분업을 하게 되면서 소득 격차가 커진다는 것입니다. 육아를 위해서는 부부 둘 다 탐욕스러운 일자리에 있을 수 없고, 둘 다 유연한 일자리로 옮기기엔 금전적 손실이 발생하기 때문이죠.

그렇다면 한국의 직장들은 얼마나 탐욕스러울까요? 노동시간만 보자면 우리나라는 OECD 국가 중 네 번째로 오래 일합니다. 국회예산정책처의 〈경제 동향 보고서〉에 따르면 2021년 기준 한국의 노동시간은 연간 1,915시간으로 OECD 평균 노동시간(연간 1,716시간)보다 199시간 많았습니다. 회원국 중 중남미 국가를 제외하면 사실상 1위 수준입니다. OECD 평균 수준으로 줄어들기 위해서는 주 평균 노동시간을 3.8시간 줄여야 하죠. '워라밸'은 더 심각합니다. 〈일-생활 균형 시간 보장의 유형화〉 논문에 따르면 OECD 회원국들 가운데 노동시간 보장과 가족 시간에 대한 주권(선택권) 수준을 평가한 결과 한국은 가장 낮은 그룹에 속했습니다. 노동시간 보장 수준은 OECD 국가 기준 세 번째로 낮았고, 가족 시간에 대한 주권에서도 20위로 하위권이었습니다.

전문가들은 노동 개혁의 중요성을 강조했습니다. 직장의 요구들이 덜 탐욕스러워져야 하며 지금처럼 장기간 노동이 요구된다면 더 이상 출산율이 반등할 여지가 없을 것이죠. 김조은 교수는 "여성들은 일과 가정 양립 문제를 겪고 남성들은 장시간 노동과 직장의 요구에 시달리니 가정에 기여하는 게 적어집니다"라며 "장기간 노동이 보편화된 부분이 개혁돼야 합니다"라고 설명했습니다. 계봉오 교수 역시 "현재 노동시장에서 여성들의 일을 하며 아이를 키우기 어려운 것은 자명합니다"라며 "육아를 배려하는 노동환경, 남성의 육아 참여가 중요합니다"라고 밝혔습니다.

문답 속 일문일답 ⑤

계봉오 국민대학교 사회학과 교수

Q 여성에게 전가되는 돌봄 부담이 출산율에 어떤 영향을 미친다고 생각하시나요?

A 지금 노동시장에서 여성들이 일과 양육을 병행하기 어려운 것은 자명합니다. 아이를 키우며 직장에서 성공하기는 더욱 어렵습니다.

노벨상을 받은 클라우디아 골딘은 탐욕스러운 일자리 개념을 듭니다. 24시간 동안 일만 하기를 원하는 노동환경이 존재하고, 여성이든 남성이든 아이를 양육하려면 그 트랙을 벗어나야 하는 것인데요.

어떻게 해서든지 덜 탐욕스러운 일자리가 늘어나야 출산율이 반등할 가능성이 있을 것 같습니다. 계속해서 많은 노동시간을 요구하는 상황에서는 출산율이 상승할 여지가 사실 없지 않나 생각됩니다.

뭐 뻔한 이야기지만, 여성들의 일과 양육 병행이 가능해야 하고 남성 역시 함께해야 합니다. 아이를 키우는데 시간을 쓰는 것이 부담되지 않고 사회에서의 성공에 걸림돌이 되지 않는 환경을 마련하는 것이 중요합니다.

문답 속 일문일답 ⑥

이윤석 서울시립대학교 도시사회학과 교수

Q 출생률, 저출생이 더 성평등한 단어라고 볼 수 있나요?

A 출산과 양육은 남녀의 공동 책임이며 이를 단어에서도 명확히 해야 한다고 주장하는 분들이 많습니다. 과거 남성들은 밖에 나가 열심히 돈을 벌면 그것으로 나의 책임이 끝난다고들 생각했습니다. 이제 이런 식의 사고를 지양하고, 아이를 키우는 데 적극적으로 참여해야 하며, 육아의 공동책임자가 돼야 한다는 의미입니다. 단어의 문제라기보다 인식 촉구에 대한 문제이죠. 이것이 실현된다면 사실 어떤 단어가 맞느냐 하는 것은 구체적 문제가 되지 않으리라고 생각합니다.

Q 여성에게 전가되는 돌봄 부담이 출산율에 어떤 영향을 미친다고 생각하시나요?

A 우리나라가 심각하긴 하지만, 이는 우리나라만의 문제가 아닙니다. 많은 여성들이 삶에서 가족이냐 직업이냐를 선택해야 하는 것처럼 생각하고 있습니다. 두 가지를 함께 할 수 없다고 여기는 것이죠.

대학을 졸업하면 사회에 진출하고 취업을 합니다. 이 상황에서 결혼한다는 것은 매우 큰 변화를 의미합니다. 둘을 병행할 수 없다고 여기니 결혼을 선택하는 사람들이 줄어들고, 이로 인해 출산율도 감소하고 있습니다.

사회는 육아 부담을 어떻게든 줄여야 합니다. 여성들이 육아가 직장을 다니는 데 큰 부담이 되지 않는다고 느낀다면, 둘째나 셋째를 가질 가능성도 높아질 것입니다.

100년 전 스웨덴에게 배운다… ‘젠더 관계 변화’ 있어야

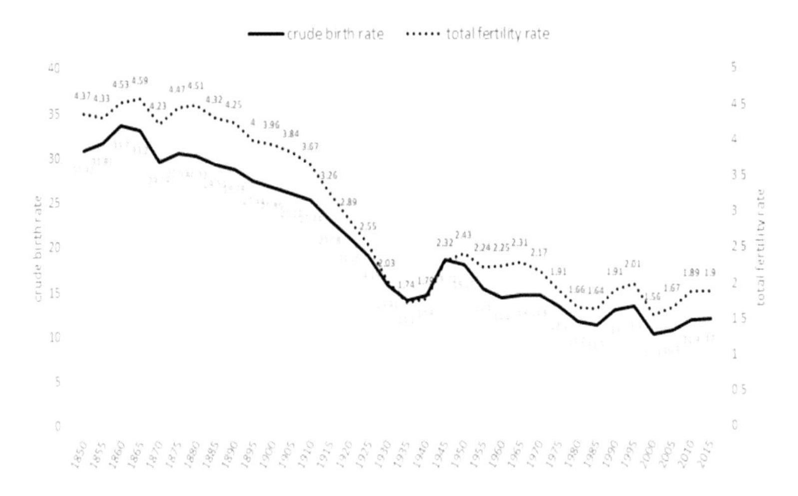

1850년~2015년 스웨덴의 합계출산율·조출생률 추이
ⓒ김영미(2021) 〈스웨덴 인구 담론 전환이 한국 저출산 정책〉

1930년대 스웨덴은 급격한 출산율 감소로 인해 인구문제를 겪은 바 있습니다. 당시 스웨덴의 합계출산율은 1.74명으로 유럽에서 가장 낮은 수준이었습니다. 당시 스웨덴 정부는 인구 위기를 아동·가족의 삶의 질, 일·가정 양립 문제로 규정해 국가 주도의 인구 통제 방식이 아닌 개인 삶의 질을 보장하는 정책을 펼쳤습니다. 또 1935년 스웨덴 정부는 인구 위원회를 발족했고 출산 수당, 출산에 대한 의료적·경제적 지원, 기혼 여성 노동권 보장 등을 채택했습니다.

앤 조피 뒤벤더(Ann-Zofie Duvander) 스톡홀름대학교 사회학과 교수는 "스웨덴은 출산율이 낮아졌던 시기마다 가족들을 위한 정책과 혜택을 늘리는 방법으로 대응했습니다"라고 밝혔습니다. 1930년대 스웨덴은 지금과 달리 노동시장뿐 아니라 가족 내 육아 비중도 평등했던 시절이 아니었는데요. 정부는 여성이 두 가지를 병행할 수 있도록 복지 혜택을 제공했습니다.

게르다 네이어(Gerda Neyer) 스톡홀름대학교 사회학과 연구원은 젠더 관계의 변화와 보육 서비스의 확대가 출산율의 중요 요소임을 과거 사례를 들어 설명했는데요. 60년대 후반부터 70년대 초반, 유럽이 경제 호황을 누렸던 당시 산업화를 이룬 대부분의 나라는 노동력 부족을 이주노동자로 충당했지만, 스웨덴은 여성을 우선 노동시장에 진입시키기로 했다고 합니다. 이를 위해 정부는 아동 보육 서비스를 확대했죠. 이후 다른 국가들이 여성을 노동시장에 참여하고자 연구했을 때 보육 서비스의 확대, 젠더 관계의 변화가 중요하다는 이야기가 나왔습니다. 그러나 몇몇 학자들은 그것이 불가능하다고 이야기했고 결과적으로 그 국가들은 오랜 시간 낮은 출산율에 직면할 수밖에 없었습니다.

문답 속 일문일답 ⑦

게르다 네이어(Gerda Neyer)
스톡홀름대학교 사회학과 연구원

Q '일·가정 양립'을 가능하게 하려면 어떤 변화가 필요할까요?

A 우리가 나아가야 할 사회는 어떤 사회인가요? 질문을 던져야 합니다. 우리는 여성이 출산과 직장을 병행할 수 있고 남성 역시 이를 병행할 수 있는 사회를 원합니다. 그러므로 근로문화뿐만 아니라 가족구성과 젠더 문제가 변화해야 합니다. 물론, 이런 변화는 단시간에 이루어지지 않습니다.

예를 들어 독일은 2007년 스웨덴식 육아휴직 정책을 도입했고 보육환경을 발전시켰습니다. 당시 독일은 한국처럼 출산율 저하로 큰 문제를 겪고 있었습니다. 이후 오랜 시간 걸쳐 완만하게 출산율이 상승했습니다. 가정과 육아, 그리고 직장의 균형이 필요하며 변화는 천천히 일어납니다. 정책이 문화를 변화시킬 수 있지만 가끔은 정책이 변화된 문화를 따라가지 못할 때도 있죠.

Q 한국이 앞으로 어떤 방향으로 가야 할지 조언해 주신다면요.

A 우리는 종종 학생들에게 그래프를 보여줍니다. 사회와 경제, 가정과 문화가 어떻게 상호 관련 변수로 작용하는지 보여주고 어떻게 변화할지에 대해 이야기합니다. 가정 내에서도 세대 간, 부부간 그리고 자식과의 관계 같은 복잡한 변수와 문제가 있습니다.

그렇기에 우리는 장기적으로 생각해야 하고 장기적으로 우리가 어떤 방향으로 나아갈지 고민하고 인내심을 가져야 합니다. 물론, 합계출산율이 이렇게 낮은 상황에서는 인내하기 어려울 수 있습니다.

약 100년 전 내린 결단 때문일까요? 현재 스웨덴은 성평등이 자리 잡아 성별 구분이 의미 없는 젠더 뉴트럴(Gender neutral·성 중

립) 사회가 됐다는 평을 받습니다. 스웨덴의 여성 고용률은 76.03%(OECD 2023년 2분기 기준)로 한국(61.36%)에 비해 15% 이상 높습니다. 합계출산율 역시 1.52명(스웨덴 통계청 2022년 기준)으로 우리나라(0.78명)의 두 배 수준입니다.

스웨덴 정부가 일·가정 양립을 위해 시행 중인 아동수당, 남성 육아휴직, 유동적 근무 등은 우리나라에도 '제도적'으로 마련돼 있습니다. 우리 정부는 2006년부터 지난해까지 저출산 예산으로 280조 원을 쏟아붓기도 했죠. 그러나 결과는 처참합니다. 올해 3분기까지 태어난 아이가 17만 명대로 역대 최저를 기록했습니다. 핵심을 벗어난 정책, 변화하지 않는 전통적인 가치관에 패착이 있진 않을까요?

자료를 조사차 전문가들과 대화를 나누던 중 제 머리를 띵하게 만든 인상적인 통찰들이 있었습니다. 주스웨덴 대한민국 대사관 이세희 연구원과 김중백 경희대학교 사회학과 교수의 말인데요. 이세희 연구원은 우리 사회가 놓치고 있는 것을, 김중백 교수는 정치권의 결단을 촉구합니다.

> 지난 4~5년간 제가 스웨덴에서 근무하면서 한국에서 저출산 문제 등을 해결하기 위해 각계각층에서 스웨덴을 방문하셨습니다. 그것을 지켜보며 제가 느꼈던 점을 간단히 말씀드리고 싶습니다.

결국 스웨덴은 양성평등-노동 평등-육아 평등-일과 삶의 균형-사회적 인식 변화를 위한 종합적인 정책을 수립하고 선순환 구조를 구축하며, 전체론적인 관점에서 저출산 문제를 해결하고자 했습니다.

그러나 한국은 양성평등이 안 되니 노동 평등이 안 되고, 노동 평등이 안 되니 육아 평등은 더욱 어려워지며, 그러다보니 일과 삶의 균형이 무너지고 부모의 역할과 출산, 육아에 대한 사회적 인식이 변하지 않는 사회가 되어간다는 것입니다. 스웨덴과 한국 간에는 사회, 정치, 경제, 문화 등 여러 측면에서 차이가 있겠지만, 결국 이러한 결론을 맺고 돌아가셨습니다.

모쪼록, 취재를 오시게 된다면 더욱 깊이 있는 고민을 통해 우리나라에 도움이 되는 기사를 만들어 내주시길 기대하고 있습니다.

— 스웨덴 대사관 이세희 연구원

저출산 문제는 이제 정치 영역으로 넘어갔습니다. 사실 답은 이미 나왔고 무엇을 우선순위로 삼고 누구를 설득할 것이냐가 남아있죠. 표가 떨어질까 봐 결단을 내리지 않아 생기는 문제라고 생각합니다.

— 김중백 교수

문답 속 일문일답 ⑧

니클라스 뢰프그렌(Niklas Lofgren)
스웨덴 사회보험청 가족 재정 대변인

Q 사람들의 인식을 변화시키는 것이 결국 가장 중요한 것 같습니다. 사회보험청에서는 이 부분에서 어떤 역할을 하고 있나요?

A 우리는 매년 다양한 캠페인과 광고, 포스터와 같은 홍보물을 만들고 '롤모델'을 세우고 캠페인을 벌여 사회 전반적인 태도와 이념을 바꾸기 위해 노력했습니다. 이런 노력의 효과를 통계적으로 확인하지는 못했지만, 20~30년 후에는 사람들의 생각을 바꿀 것으로 생각합니다.

1976년도 스웨덴에서 아주 유명한 헤비급 역도 선수와 캠페인을 진행했습니다. 아주 크고 강인하고 빨간 머리를 가진 선수인데, 포스터에 '아버지도 육아휴직을 할 수 있다'라는 문구를 삽입했죠. 요지는 이렇게 크고 강한 남자가 집에서 아이와 있을 수 있다면 당신도 그럴 수 있다는 것이었습니다. 이 캠페인은 오늘날까지도 아주 많은 사람이 기억합니다. 당시에는 가장인 아빠가 집에서 아이와 있어서는 안 된다는 편견이 있었기에, 아주 새로운 것이었기 때문이죠.

스웨덴 사회는 변했습니다. 예전에는 "난 아이를 좋아하지 않아. 육아휴직을 쓰지 않을래. 그런 건 아내가 하는 거지"라고 말했을 때 사람들은 그런 태도를 수용했습니다. 오늘날 아빠가 그런 말을 한다면 사람들은 그를 이상하거나 멍청하다고 생각할 것입니다. 사회적으로 받아들여지지 않는 것이죠.

Q 한국의 노동시장은 유자녀 여성에게 불리한 구조입니다. 스웨덴은 어떤가요?

A 스웨덴에서도 동일한 문제가 일어나곤 합니다. 예를 들어 하나의 직책에 같은 자격을 갖춘 여성과 남성이 지원했을 때, 고용주는 여성이 아이를 낳고 휴직을 사용할 것이고 남성은 그렇지 않으리라고 판단해 남성을 고용할 수 있습니다.

그러므로 차별금지법을 제정해 차별했을 경우 처벌할 수 있게 해야 합니다. 하지만 이런 위험 요소들은 남성이 여성과 마찬가지로 육아에 동등하게 참여하면 자연스럽게 사라질 것입니다.

또 스웨덴에서는 노동조합의 입김이 셉니다. 만약 승진에서 배제되고 월급 인상을 받지 못한다면 노조의 도움을 받을 수 있습니다. 기업들은 이것이 개인적인 문제가 아니라 집단적인 문제이며, 차별이 일어나면 저항에 직면할 것을 알아야 합니다.

Q 한국이 앞으로 어떤 방향으로 가야 할지 조언해 주신다면.

A 조언하기는 어려우니 개인적인 생각을 들려드리겠습니다. 목표를 이루기 위해 내딛는 것이 중요합니다. 시스템이 어떤 일을 해야 하는가. 또 왜 이런 복지시스템을 갖춰야 하는가를 생각해야 합니다.

스웨덴에서는 두 부모 모두 직장과 가정을 병행하게 하는 것을 목표로 삼고 있습니다. 그 누구도 일과 육아 중 선택해서는 안 됩니다. 또 아이를 양육하기 위해 비싼 비용을 지불해서도 안 됩니다. 왜냐면 국가가 더 많은 아이를 출생하길 바라기 때문입니다.

아이를 출산하는 부모가 시스템을 믿을 수 있는가? 정책이 안정감을 느끼게 할 수 있는가? 이런 것들을 고려한 후 천천히 변화하는 것이 가장 중요할 것으로 생각합니다.

아동수당은 출산율을 높일까요?

답 05.

"저출산을 지원하는 가족수당 정책을 통해 출산율을 적정 수준으로 유지하는 데 성공한 국가들을 분석한 결과, 아동수당은 출산율을 높일 수 있습니다."

"100퍼센트 확신은 할 수 없지만, 아동수당이 출산율을 높인다고 생각해요."

스웨덴에서는 언제 어디서든 어렵지 않게 유모차를 끄는 아빠들을 볼 수 있습니다. 이른바, 라테 파파(Latte PaPa). 한 손에 커피를 들고 다른 한 손으로 유모차를 끌면서 육아에 적극적인 아빠를 칭합니다.

저희 취재진은 스웨덴 현지를 돌아다니며 각각 1.5세 아이를 둔 스웨덴 아빠들을 만나 아동수당과 출산율의 상관관계에 관한 생각을 들어보았습니다.

현재 아동수당을 받고 있다고 전한 카스파르(Caspar) 씨는 "국가에서 돈을 더 주는 것이기 때문에 아동수당에 대해 만족합니다"라고 답했습니다. 또 "주로 집세나 식비로 유용하게 사용하고는 있지만, 수당 하나의 요인으로만 출산율을 높이는데 완전하게 기여할 수는 없습니다. 아동수당 말고도 스웨덴에서는 어린이집 가격이 낮으므로 그런 부분이 출산율에 더 도움이 될 수도 있습니다"라고 했습니다. 다른 아빠 헨릭(Henrik) 씨 또한 "100퍼센트 확신은 할 수 없지만, 아동수당이 출산율을 높입니다"라고 전했습니다.

스웨덴과 프랑스는 저출산을 지원하는 가족수당 정책을 통해 출산율을 적정 수준으로 유지하는 데 성공한 대표적인 국가입니다. 반면, 저출산 대책에 발등의 불이 떨어진 한국은 아동의 기본적 권리와 복지 증진 목적으로 선별적 아동수당을 도입하여 시행하고 있지만 저출산을 저지하는 데는 여전히 역부족입니다.

앞서 아동수당은 2005년 제1차 기본계획 수립 시에도 제도의 필요성과 해외사례에 대한 검토가 완료된 사안이었지만, 13년이 지난 2018년 9월 1일에서야 한정된 아동을 대상으로 시행됐습니다.

각각 1.5세 아이를 둔 스웨덴의 라테 파파 헨릭(Henrik)·카스파르(Caspar) 씨. ©노컷뉴스

처음에는 소득 하위 90% 가구 만 0~5세 아동에게만 월 10만 원의 수당을 지급했습니다. 그러나 혜택을 받지 못하는 소득 상위 10%를 가려내는 데 과도한 비용이 들어간다는 비판이 나오자, 선별 기준을 폐지했습니다. 이후 지급 대상을 2019년 9월부터 만 0~6세, 2021년 만 0~7세, 2022년부터 만 8세 미만으로 확대했습니다.

아동수당을 도입한 이후 선별 기준 삭제와 지급 연령을 소폭 확대하는 데 그친 한국과 달리 실제로 저출산 극복의 모범 국가들은 아동의 성장기 대부분을 아동수당 지급 대상으로 하고 있습니다. 과연 아동수당 성 보조금은 출산율을 높일 수 있는 정책인 걸까요?

낳기만 하면 국가가 책임…프랑스 출산율의 비밀

유럽에서 가장 높은 출산율 1.83명을 기록한 나라 프랑스. 비결은 뭘까요? 아이를 낳기만 하면 국가에서 키워줄 것이라는 신뢰가 있는 프랑스 국민의 믿음에 있습니다. 이런 두터운 신뢰의 바탕에는 어떤 가정도 소외되지 않도록 정립된 가족 수당 제도를 꼽을 수 있습니다.

프랑스에서는 가족 수당 기금(CAF)을 통해 일부는 선별적 지원이지만, 고소득 가정이라고 해도 똑같은 지원을 받을 수 있는 환경을 제공합니다. 자녀 수와 관계없이 지급되는 수당이 있고, 첫 번째 자녀에게만 해당하는 수당, 두 번째 또는 세 번째 자녀까지만 지급되는 다양한 수당이 존재합니다.

프랑스 파리 현지에서 아이를 양육 중인 학부모 김민철 씨는 "한국은 돈이 없어서 애를 하나밖에 못 낳겠다, 아예 안 낳는다는 분위기라면 프랑스에서는 아이를 3명 낳더라도 경제적으로 크게 문제가 없으며 오히려 다자녀는 도움이 됩니다"라고 말합니다.

김 씨는 "급식비나 주택 보조금 등 국가적으로 저소득자들을 위한 지원이 이루어지기 때문에 정부에게서 도움을 받고 나면 중간 소득자와 월급이 비슷해집니다"라고 전했습니다. 이어 "아는 분도

3명을 낳아서 키우고 있는데, 애를 3명 낳는 순간부터 아빠만 일해도 주택·육아 보조금 다 합쳐 나라에서 돈이 매달 꼬박꼬박 나오니 엄마가 일을 안 해도 애를 키울 수 있는 환경이 갖춰집니다"라고 덧붙였습니다.

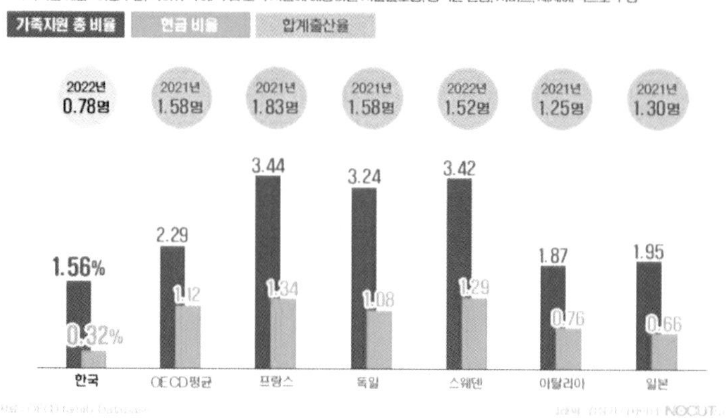

OECD 자료로 살펴본 OECD 주요국 GDP 대비 가족 지원 예산 비율. ©노컷뉴스

올리비에 코르보베스(Olivier Corbobesse) 프랑스 가족 수당 기금(CAF) 국제관계 담당자는 "가족 수당과 사회 수당 두 가지를 운영 중이며, 가족 수당의 경우 정기적으로 대상자에 계좌이체를 통해 지원금을 직접 지급하는 방식과 아이 돌봄과 관련된 서비스를 제공하는 방식 두 가지를 병행하고 있습니다"라고 전했습니다.

CAF에서는 재정적인 부분만 지원하는 것이 아닙니다. 어린이집 같은 돌봄 운영 서비스를 같이 제공하는 것이 핵심입니다.

그는 "프랑스인들은 재정적인 지원과 서비스 모두를 원합니다"라면서 "돈만 지원해 준다면 결국 아이를 돌보느라 일을 할 수 없게 될 것이며 반대로 돌봄 서비스만 제공하고 재정 지원은 하지 않는다면, 돌봄 이외 양육에 필요한 지출을 감당할 수 없으므로 두 가지 지원 방식이 유기적으로 함께 가야 합니다"라고 강조했습니다.

올리비에 코르보베쓰(Olivier Corbobesse) CAF 국제 담당 관계자 인터뷰 장면. ©노컷뉴스

문답 속 일문일답 ①

올리비에 코르보베스(Olivier Corbobesse)
프랑스 가족 수당 기금(CAF) 국제관계 담당자

Q 프랑스 가족 수당 정책에는 가족을 대상으로 지원하는 다양한 수당 패키지가 있는 걸로 알고 있는데요. CAF에서 실시 중인 수당 정책에 대해 간단히 소개 부탁드리겠습니다.

A 국립 가족 수당 기금 공단 CAF는 중앙기관인 CNAF(Caisse national d'allocations familiales)와 101개의 지소 CAF(Caisse d'allocations familiales)로 구성되어 있습니다.

저희는 크게 가족 수당과 사회 수당 두 가지를 운영하고 있는데요. 가족 수당의 경우 정기적으로 대상자에 계좌이체를 통해 지원금을 직접 지급하는 방식과 아이 돌봄과 관련된 서비스를 제공하는 방식 두 가지를 병행하고 있습니다.

가족 수당은 매우 다양한 지원을 포함하고 있습니다. 일부는 모든 형태의 가족에 적용되는 보편적 지원입니다. 예를 들면 고소득 가정이라고 하더라도 똑같은 지원을 받습니다. 일부는 선별적 지원입니다. 자녀 수와 관계없이 지급하는 수당이 있고, 첫 번째 자녀에게만 해당하는 수당, 두 번째 또는 세 번째 자녀까지만 지급되는 수당 등 다양한 수당이 존재합니다.

Q 아이 수에 따라 지급 금액이 달라지는 것인가요?

A 수당은 자녀의 수, 나이, 소득 등 다양한 조건에 따라 세분화합니다. 일부 수당은 첫째 자녀부터 지급되지만, 둘째 자녀부터 지급할 수당도 있습니다. 예를 들어, 자녀가 한 명뿐인 가정은 둘째 자녀부터만 해당하는 수당을 받지 못하는 것이죠. 프랑스 가족 수당 정책의 특징입니다.

Q 개인적으로 가족 수당을 받고 있으신가요? 받고 있다면 어떤 혜택이 만족스러운지 아니면 아쉽거나 보완할 점은 없는지 궁금합니다.

A 저는 아이가 없어서 가족 수당 대상자가 아닙니다. 그러나 프랑스 국민에게 가족 수당 서비스 만족도는 매우 높은 편이고, CAF에 대한 강한 애착을 보이는 것으로 나타나고 있습니다. CAF는 프랑스의 가족 정책, 공공 서비스의 역사에서 매우 중요한 위치에 있습니다.

Q 애정이라 함은?

A 프랑스인들은 CAF를 사랑합니다. 프랑스 사회, 문화의 일부로 여기고 있어요. 아주 강력한 공공 정책 중 하나이고 대부분의 프랑스 국민이 CAF의 서비스에 긴밀하게 연결되어 있습니다.

Q CAF에서는 재정적인 부분뿐만 아니라 어린이집 같은 돌봄 운영 서비스도 제공하고 있는데요. 프랑스인들은 재정적인 지원을 더 선호할지 아니면 데이 케어 같은 육아 서비스 측면에 더 호응할지 궁금합니다.

A 프랑스인들은 둘 다를 원해요. 재정적 지원과 서비스 모두 제공하는 것이 프랑스 정책 모델의 특징입니다. CAF는 이 두 가지 모두를 제공합니다. 실제로 부모들은 많은 상황에서 두 가지 모두가 필요합니다.

한 가족에게 충분한 돈만 지원해 주고 돌봄 서비스는 제공하지 않는다고 가정해 보겠습니다. 그건 말이 안 되죠. 결국 아이를 돌보느라 일을 할 수 없게 될 것이기 때문입니다. 반대로 돌봄 서비스만 제공하고 재정 지원은 하지 않는다면 그 또한 말이 되지 않습니다. 돌봄 이외 양육에 필요한 지출을 감당할 수 없게 될 것이기 때문입니다. 그러니까, 두 가지 지원 방식이 유기적으로 함께 가야 하는 것입니다.

Q 한국은 지난 15년간 저출산 해결 방안에 대해 280조라는 예산을 쏟아부었습니다. 결과적으로는 2023년 2~3분기 합계출산율 0.7명, 한 명도 되지 않는 성적표를 받았는데요. 예산만이 정답은 아닌 것 같아요. 프랑스에서는 아이를 낳으면 국가가 키워준다는 국민의 믿음이 있고 이는 저출산 해법의 키라고 생각합니다. 이런 믿음을 심어주기 위해 한국 정부에서 어떤 대응을 해야 할까요?

A 출산율은 매우 다양한 요인에 영향을 받는 복잡한 문제입니다. 미래에 대한 신뢰와 육아 문제에 관해서 이야기하자면, 출산율은 아이를 가질 수 있는 생물학적 가능성입니다. 가장 좋은 출산 장려 정책은 가장 보편적인 정책, 즉 가능한 한 많은 장애물을 제거하고 제약을 해결하려는 노력일 것입니다. 예를 들면 자녀를 가지기 위해 수반되는 모든 비용인 출산, 육아, 가사 분담 등이 있을 것입니다.

또한 보육 관련 직업 매력도에 대한 문제도 있습니다. 큰 도전이 될 것입니다만, 보육 관련 직업군에 대한 인식과 급여 수준에 대한 제고가 필요합니다. 프랑스는 현재 보육시설 인력난이 점점 심해지고 있습니다. 따라서 여러 방면에 필요한 조치를 해야 합니다. 가장 좋은 정책은 최대한 많은 장애물을 제거하는 포괄적인 정책이라고 정리할 수 있겠습니다.

100년에 걸친 보편 복지…
왕자도 아동수당 받는 스웨덴

스웨덴은 100년에 걸쳐 보편적인 복지시스템을 구축한 나라 중 하나입니다. 그중 가장 보편적으로 제공되고 있는 복지는 아동수당을 꼽을 수 있습니다.

한국은 만 8세 이하 한정적인 아동만을 대상으로 한 수당을 지급하고 있지만, 스웨덴에서는 의무교육 기간 또는 최소 노동연령에 해당하는 나이까지 확장해 지급하고 있는데요. 이는 출산율에 영향을 준 것일까요?

니클라스 뢰프그렌(Niklas Lofgren) 스웨덴 사회보험청 가족 재정 대변인과 이에 관해 이야기를 들어봤습니다.

문답 속 일문일답 ②

니클라스 뢰프그렌(Niklas Lofgren)
스웨덴 사회보험청 가족 재정 대변인

Q 스웨덴은 아동수당 제도를 일찍 도입한 나라이며 보편 복지 틀을 초기에 갖췄습니다. 이에 대한 공공의 의견은 어땠고 반발은 없었나요?

A 스웨덴은 보편적인 복지시스템을 가지고 있는데, 이런 시스템은 100년 이상에 걸쳐 발전했습니다. 즉, 복지시스템의 부분 부분은 서로 다른 시기에 다양한 분야에 걸쳐 구축된 아주 오래된 시스템입니다. 그중 가장 보편적으로 제공되고 있는 복지들, 아동수당과 같은 혜택은 오래전부터 시행되었으며 특히 아이가 있는 여성들이 긍정적으로 생각합니다.

2014년 전에는 통합적으로 제공됐습니다. 하지만 2014년 이후부터는 아동수당이 나뉘어 지급되고 있습니다. 오늘날 절반의 수당은 아빠에게, 절반의 수당은 엄마에게 지급되고 있습니다. 앞서 1948년부터 2014년까지는 아이가 있는 여성, 즉 엄마만 수당을 수령할 수 있었습니다.

스웨덴에서는 선거철 이루어지는 정치적 토론이 진행될 때도 자녀가 있는 가족들을 대상으로 하는 수당이나 혜택을 줄이자는 제안이 없습니다. 대부분 그 반대로 혜택을 늘리자는 의견이 많습니다.

Q 아동수당은 출산율 저하를 막을 수 있는 정책일까요?

A 아동수당이 한국의 출산율 감소를 막을 수 있을지 확실하게 답변하기 어렵습니다. 스웨덴 같은 경우, 아동수당을 지급하기 시작하면 출산율이 높아질 것이라고 예상했습니다. 즉, 출산율을 높이기 위해 아동수당이 도입됐습니다.

하지만, 아동수당 지급이 출산율 상승에 직접적인 영향을 미쳤는지는 잘 모르겠습니다. 그 이유는 아동수당이 지급되기 시작될 무렵 이미 출산율이 상승하고 있었기 때문입니다. 하지만, 아동수당의 지급이 출산율을 상승시키는 요인이 될 것으로 생각하여 시스템이 고안되었습니다.

부연 설명을 하자면, 경제적으로 여유가 있는 가정뿐만 아니라 가난한 이들도 자녀 출산을 할 수 있어야 합니다. 그래서 아동수당의 제공에는 자녀가 있는 가정의 경제적 어려움을 해소하고 그 결과 더 많은 아이의 출산을 장려하는 데 그 의의가 있습니다.

또 스웨덴에 거주하면 받게 되는 모든 혜택은 첫날부터 받을 수 있습니다. 예를 들어 스웨덴에 이민한 그 첫날부터 아동수당을 받을 수 있게 되는 것입니다. 동성 커플도 마찬가지입니다.

Q 수당 안에서도 다양한 혜택이 존재한다고요?

A 장애 아동 관련하여 아직 언급하지 않은 혜택이 하나 더 있는데, 이는 장애 아동 돌봄 수당입니다. 만약 장애가 있는 아이가 있고 그 아이가 많은 돌봄이 필요하여 엄마나 아빠가 집에 있어야 하거나 저녁에 돌봄이 필요한 경우 지급됩니다. 사회보험청에서 신청할 수 있는데, 의사가 발급한 증명서와 함께 어떤 장애 또는 질병이 있는지 추가 돌봄이 필요한지를 제출하면 추가로 지원금을 받을 수 있습니다.

장애 아동을 둔 부모는 특별 돌봄이 필요한 장애 아동을 돌보기 위해 언제든지 집으로 갈 수 있도록 법적으로 권리를 보장받습니다. 또한 장애로 인해 추가 지출이 있는 경우, 예를 들어 한 달에 2번 정도 안경을 깨뜨리는 경우, 사회보험청에 신청하여 추가 비용 수당을 받아 안경 구매 비용의 부담을 덜 수 있습니다. 만약 추가 돌봄이 필요하거나 필요한 약에 대한 비용이 발생해도 장애 아동 돌봄 수당을 받을 수 있습니다.

또한 자폐 아이가 있는 경우 지자체에서 집으로 돌보미를 보내어 아이를 케어하도록 하기도 합니다. 보통 아이와 함께 있는 부모는 엄마가 대부분인데, 지자체에서 지원해 주는 도우미가 하루 2시간 정도 아이를 돌보는 시간을 이용해서 필요하다면 집을 비울 수 있습니다. 이렇듯 아이 낳는 것을 고려할 때 장애 아동에 대한 지원이 있는 것을 알고 안심할 수 있는 부분도 중요합니다.

Q 장애 아동을 수용하는 일반 보육시설을 말하는 것인지, 장애 아동만을 수용하는 특수 보육시설을 말하는 것인지요?

A 두 가지 모두입니다. 장애 아동을 수용하는 경우 더 많은 업무가 수반되고 더 많은 인력이 필요합니다. 그래서 장애 아동 수용 인원에 따라 더 많은 추가 보조금을 지급하는 것입니다. 우리의 사명은 어떤 곳이든, 어떤 가정이든 아이를 기르는 데에 더 많은 돈을 지불하도록 내버려두지 않는 것입니다.

Q 스웨덴은 복지를 누리는 대신 높은 세금을 내고 있습니다. 이런 합의를 끌어내기 위해 국가는 어떤 노력을 했나요?

A 스웨덴은 아주 오랫동안 고세율을 부과한 사회민주주의 국가입니다. 그러나 사회보험 시스템은 고용주가 지불하는 고용주 세(social fee)로 운영됩니다. 스웨덴에서는 총 급여 외에 추가로 고용주가 고용인 임금의 약 31.42%를 정부에 내는데, 이는 육아휴직 수당, 상병수당, 연금보험 등으로 이용됩니다. 이 금액은 사실 고용인들은 실제로 보지 못하는데 그 이유는 고용인이 국가에 직접 내기 때문입니다.

만약 내가 한 달에 1만 크로나(약 한화 126만 원)의 임금을 받고 있다면 나의 고용인은 3,142크로나(약 한화 39만 원)를 국가에 납입해야 하며, 나는 내 소득에 대한 세금을 추가로 내야 하는 것입니다. 나의 소득세는 아동수당이나 주거 수당, 그리고 양육 수당으로 쓰이게 됩니다. 하지만 육아휴직 수당과 같은 부분은 고용인이 내는 고용주 세로 운영이 됩니다.

세금 지불자들, 단체 또는 기업들이 조세율이 높다고 느낄 수 있으나 스웨덴에서는 많은 혜택을 받게 되어 많이 낼수록 많이 돌려받을 수 있습니다. 그러므로 이 시스템은 사실 사람들 사이에서 인기가 있습니다. 상병수당 같은 경우에는 조금 가혹하다고 느낄 수 있겠으나 가족을 위한 보험과 혜택은 매우 인기가 높습니다.

그래서 선거철을 맞아 정치계에서 토론회가 진행되어도 그 누구도 가족들을 위한 혜택을 줄이자 제안하지 않는데, 그 이유는 그렇게 하면 많은 표를 잃게 될 것이 자명하기 때문입니다.

Q 스웨덴은 16살 이후 학업 보조금 형태로 연장 아동수당을 주고 있습니다. 출산율에 긍정적 효과가 일어났는지 그 효율성이 궁금합니다.

A 연장 아동수당이 저출산 관련해서는 큰 영향을 미치지 않는다고 생각합니다. 학업 수당이 더 많은 사람에게 학업을 계속하도록 유도하는 데 효과적인지 물어본다면 어느 정도는 영향을 미치지만, 출산에 영향은 크지 않은 것 같습니다. 요즘은 대부분의 사람이 대학교에 진학하는 것이 사회적 표준입니다. 그러므로 많은 사람이 학업 수당을 받고 있습니다. 그들의 학업을 도와주기는 하지만 해당 수당을 지급함으로 인해 학업을 지속할지를 결정하는 중요 요인이 되지는 않습니다.

아동수당은 어린이 기간 지급되어야 합니다. 사람은 18세가 될 때까지를 어린이라고 이야기하는데 현재 아동수당은 16세까지만 지급되고 있습니다. 법적으로는 자녀가 18세가 되기 전까지 경제적으로 지원을 해줘야 합니다. 그래서 오히려 16세까지만 지원되는 아동수당이 이상하다고 생각하고, 18세가 될 때까지 지급해야 한다고 생각합니다. 어쨌든 학업 수당은 더 많은 사람이 학업을 지속하도록 영향을 미치지 않으며 또한 출산율 증가에도 영향을 미치지 않는다고 생각합니다.

저출산 문제는 아동수당 하나만으로 해결할 수 없으며, 누가 필요로 하고 누가 필요로 하지 않는지 구분조차 의미가 없는 보편적인 복지가 핵심이라고 전문가들은 입을 모았습니다.

앤 조피 뒤벤더(Ann-Zofie Duvander) 스톡홀름대학교 사회학과 교수는 "과거 스웨덴에서는 30~40대 부모가 있는 저소득 가정에 아동수당이 제공되었지만, 그 후 보편적인 혜택으로 변화되었고 현재 대략 1,500크로나(약 한화 18만 원)가 제공되고 있습니다"라고 전했습니다.

게르다 네이어(Gerda Neyer) 스톡홀름대학교 사회학과 연구원은 "아동수당만 제공된다면 단기적으로는 효과가 있을 수 있어도, 장기적으로는 영향을 미칠 수 없습니다"라면서 "스웨덴에 아동수당과 같은 혜택을 도입한 이유는 출산율 상승을 위해서가 아니라 아이가 있는 가정에 복지를 증진하고, 아이를 키울 수 있는 환경을 만들기 위해서였습니다"라고 분석했습니다.

문답 속 일문일답 ③

앤 조피 뒤벤더(Ann-Zofie Duvander)
스톡홀름대학교 사회학과 교수

Q 스웨덴에서 가장 보편적으로 제공되고 있는 복지는 아동수당을 꼽을 수 있습니다. 이는 저출산 문제에 도움이 되는 복지인가요?

A 예전에는 30대~40대 부모가 있는 저소득 가정에 아동수당이 지급되었습니다. 그 후 보편적인 혜택으로 변화되었고, 현재 대략 1,500크로나(약 한화 18만 원)가 제공되고 있습니다. 물론 자녀가 많을수록 더 중요한 혜택입니다. 하나의 정책이 문제를 해결할 수 있을 거로 생각하지 않습니다. 모든 정책이 모인 종합적인 정책들의 패키지가 필요합니다.

하지만, 국가적인 차원에서 아이들을 양육하는데 발생하는 경제적인 부담을 덜고자 한다는 것을 내비치는 정책이라고 생각합니다. 또한, 아동수당은 보편적인 혜택이며 관리가 쉽습니다. 즉, 누가 필요로 하고 누가 필요로 하지 않는지 구분할 필요가 없습니다. 이에 해당 지원이 불필요한 가정에도 지급되며, 그 가정은 다른 목적으로 사용하기 위해 해당 수당을 저축할 수도 있습니다.

Q 고소득 가구에 대한 아동수당 폐지 목소리는 없었나요?

A 가끔 스웨덴에서는 모든 가정에 보편적으로 아동수당을 제공하는 것이 맞는지, 일부 가정이 경제적으로 여유가 있다면 해당 수당을 더 필요로 하는 가정에 더 제공해야 하는 것이 아니냐는 내용의 논의가 이루어집니다.

하지만 보편적으로 아동수당이 제공됨으로 인해 모든 사람을 같은 수준으로 끌어올리며, 수당을 받기 위해 신청하지 않아도 됩니다. 그런 의도는 아주 긍정적이라고 생각합니다.

문답 속 일문일답 ④

게르다 네이어(Gerda Neyer)
스톡홀름대학교 사회학과 연구원

Q 스웨덴에 아동수당을 도입한 이유는 무엇일까요? 수당 정책이 저출산을 막을 수 있는 제도일지 궁금합니다.

A 우리는 다른 국가들과 비교한 연구를 통해 수당만 제공할 때와 워라밸을 가능하게 하는 육아휴직이 가능한 경우 어떠한 차이가 나는지 확인할 수 있었습니다. 수당 금액이 상승할수록 출산할 확률이 높아지는 것을 보았으나, 어느 정도 차이가 있었는데요.

수당만 제공하는 경우 여성들은 출산을 미루었고 특히 고학력의 여성들은 무자녀로 남을 확률이 더 높았습니다. 하지만 워라밸이 보장되는 육아휴직이 제공되는 경우 모든 사람이 출산할 확률이 높아지는 것을 확인하였습니다.

다른 많은 연구에서도 확인된 바로, 단순히 아동수당만 제공된다면 장기적인 영향을 미칠 수 없습니다. 단기적으로는 효과가 있을지는 모릅니다.

특히, 한국은 고학력자가 많은 사회로 이들이 출산하게 만드는 것은 어려울 것입니다. 그 이유는 소득이 장기적으로 연금에 영향을 미치기 때문에 소득을 대체할 만한 아동수당은 절대 제공될 수 없기 때문입니다.

또한 우리는 이란, 러시아, 독일과 같이 세계에서 가장 높은 수준의 아동수당을 제공했던 국가들에서 가장 낮은 출산율을 확인했습니다. 이렇게 여러 가지 연구에서 볼 수 있듯 국가에서 어느 정도의 혜택을 제공했을 때 아무것도 제공되지 않았을 때보다는 출산율이 상승하는 것을 확인할 수 있습니다. 스웨덴에 아동수당과 같은 혜택을 도입한 이유는 출산율 상승을 위해서가 아니라 아이가 있는 가정의 복지를 증진하고, 아이를 키울 수 있는 환경을 만들기 위해서였습니다.

"아기 낳으면 1천만 원" 충북 출생아 증가율 15위 →1위 점프

"아이 출산 후 돈 수백만 원은 썼죠, 충북도 출산 육아수당 300만 원 도움이 컸어요."

충북 청주시에 사는 이 모(33) 씨는 2021년 첫째 아들을 낳은 뒤 목돈 지출로 허리띠를 바짝 졸라맸지만, 올해 출산 상황은 완전히 달라졌다고 말합니다. 그는 "휴직으로 인해 일하는 것보다 돈을 적게 벌어 부담이 있었습니다"라면서 "아기를 낳으면 큰돈이 여기저기 많이 드는데 올해부터 정부에서 수당을 지원받을 수 있어서 2년 전보다 확실히 경제적으로 많은 도움이 됐습니다"라고 전했습니다.

이 씨는 2023년 출산 직후 100만 원으로 오른 임신 바우처, 첫만남이용권으로 200만 원을 받았습니다. 여기에 부모 급여가 월 70만 원, 아동수당이 10만 원씩 나옵니다. 이와 함께 충북도가 처음 도입한 출산 육아수당 5년간 1천만 원 지급으로 큰 혜택을 받았습니다.

"정부가 주는 각종 수당으로 병원비, 조리원비, 산후 도우미 비를 해결했습니다. 아기를 낳으면 돈이 많이 드는데 출산 시기에는 일을 쉬어야 하니 수입이 줄어들어 힘이 들었습니다. 첫째 때와 비교해 보면 수당으로 보전되다 보니 실질적인 도움이 체감됐습니다"라고 덧붙였습니다.

"아기 낳으면 1천만 원을 드립니다" 공약이 통한 것일까요? 충북 출생아 증가율은 지난해 전국 17개 시도 중 15위에 불과했지만, 2023년 들어 1위로 점프하면서 분위기가 반전됐다는 평가를 받습니다.

충북도는 2023년 10월에도 출생아 수 증가율 전국 최고를 기록했는데요. 해당 시기 충북지역 출생아 수는 6,480명으로 전년 동월 대비 0.9% 오른 수치입니다. 다른 광역자치단체 16곳은 모두 줄어든 반면 증가세를 보인 곳은 충북이 유일합니다.

문답 속 일문일답 ⑤

장기봉 충청북도 인구정책담당관

Q 2023년 들어서 충북도가 출생아 수 증가율 1위 성적표를 받았습니다. 도의 출산 육아수당 제도의 효과를 본 것인가요?

A 출산 육아수당이 출생등록 증감률에 큰 영향이 있었다고 봅니다. 2023년부터 출생아 한 명당 총 1천만 원의 출산 육아수당을 지급하고 있습니다. 0세 때 300만 원을 시작으로 다음 해 100만 원, 200만 원, 200만 원, 200만 원 등 총 1천만 원을 5년간 나눠 지급하는 공약이 2023년 5월부터 시행됐습니다.

Q 출산 육아수당을 한 번에 일시 지급하는 것이 아닌 5년간 1천만 원 나눠 지급하는 이유가 있을까요?

A 8~17세 아동기 전반에 대한 수당을 줘야 한다는 연구 결과도 있듯 장기적으로 지원이 필요하다는 취지입니다. 따라서 양육의 경제적인 지원을 주기 위한 사업이므로 한 번에 주고 끝나면 안 됩니다. 또 수당을 목적으로 해당 지역에 장기 거주를 하지 않을 수도 있는 문제가 있을 수도 있습니다.

Q "수당은 임시방편인 정책"이라는 비판에 대해 어떻게 생각하시나요?

A 단순히 출산 수당을 늘리는 것만이 해법은 아닙니다. 아이를 많이 낳으려면 결혼을 많이 해야 하고, 결혼하려면 청년들이 돈벌이가 가능한 직업이 있어야 하고, 여기에 집도 필요하지 않나요? 수당 외 종합적인 사회 제도와 시스템을 갖추는 것이 중요하다고 생각합니다.

장인수 한국보건사회연구원 부연구위원 또한 〈출산지원금이 지역 출산력에 미치는 영향 연구〉를 통해 "지역별 차이가 있지만, 1

인당 출산지원금 평균 수혜 금액이 커질수록 조기 출생률, 합계출산율 등은 대체로 높아지는 것으로 나타났습니다"라고 분석했습니다. 이어 "지원금은 해당 지역 정책 수요와 환경 등을 종합적으로 검토해 추진하고, 중앙정부와 연계해 체계적으로 사후 모니터링할 수 있는 시스템이 필요합니다"라고 지적했습니다.

"사각지대 놓인 아동수당, 아동기 전체 지급해야" 목소리도

프랑스, 스웨덴과 달리 사각지대에 놓인 한국의 아동수당. 최근 아동수당 지급 대상을 대폭 확대해야 한다는 국회입법조사처의 지적이 나왔습니다. 국회입법조사처에서 발간된 〈2023 국정감사 이슈 분석〉 보고서에 따르면 아동수당 지급 대상 확대는 OECD 주요국 중 과소한 가족 지원, 그중에서도 가장 미흡한 현금 급여를 정상화하는 데 효과적인 정책 수단이라고 판단했습니다.

박선권 국회입법조사처 입법조사관은 "초저출산 장기 지속 심화의 결과로 2022년 합계출산율이 0.78명까지 하락한 상태에서도 재정 부담을 이유로 다수의 국가가 시행하고 있는 아동기 전체에 대한 아동수당 지급을 유예하는 것은 합당하게 보이지 않습니다"라고 전했습니다. 이어 박 조사관은 저출산 대책으로 가족 지원 특히 현금 급여 사각지대에 놓여있는 8~17세 아동에 대한 아동수당 지급을 제도화해 시행하자고 제안했습니다.

앞서 2019년 한국경제포럼에서 발행한 〈아동수당과 합계출산율: OECD 국가를 중심으로〉 논문에도 "저출산 현상이 나타날 당시 출산 및 양육 가구에 대한 경제적 지원이 많이 증가한 국가일수록 해당 기간 출산율이 상대적으로 더 늘어난 것을 알 수 있었습니다"라고 강조했습니다.

이어 "아동수당 제도와 같은 현금성 지원 규모를 확대할 필요가 있습니다. 현금성 지원 확대는 합계출산율 증가와 양의 상관관계를 갖는 것으로 나타났고, 이러한 결과는 현금성 지원을 통한 가족정책이 출산율에 긍정적인 영향을 미칠 수 있다는 것을 간접적으로 보여주기 때문에 아동수당 제도의 정책 효과를 달성하고 저출산 문제를 해결하기 위해서 향후 아동수당의 대상 연령 확대와 급여 수준 등을 상향 조정해야 할 것으로 보입니다"라고 명시했습니다.

출생 시계 골든 타임… 저출산 문제해결 위해 돈 푸는 정부

정부의 국정 기조도 이 같은 흐름에 발맞춰 가고 있습니다. 현재 정부는 연간 11조 원 규모의 저출산 기금 또는 저출산 특별회계를 신설하고 육아휴직 급여와 아동수당 등 현금 지원을 대폭 확대하는 방안을 추진하고 있습니다.

대통령 직속 저출산 고령사회위원회(저고위)에 따르면, 저고위는 저출산 대응 재원 확충 전문가 간담회에서 저출산 해결의 열쇠로 일·가정 양립을 지목하고 파격 지원에 필요한 재원 확보 방안을 논의했는데요.

현재 만 0~7세 자녀에게 매월 10만 원씩 지급되고 있는 아동수당의 지급 연령을 만 0~17세로 늘리면서 지원 연령을 대폭 늘릴 예정이라고 밝혔습니다. 또 자녀 수에 따라 수당도 차등 지급한다는 방침인데요. 첫째 자녀는 월 10만 원, 둘째는 월 15만 원, 셋째부터는 월 20만 원을 지급하는 안을 검토 중입니다. 또 출산·양육으로 인한 소득 감소를 보전하겠다는 취지로 기존의 영아 수당 확대 도입을 약속했습니다.

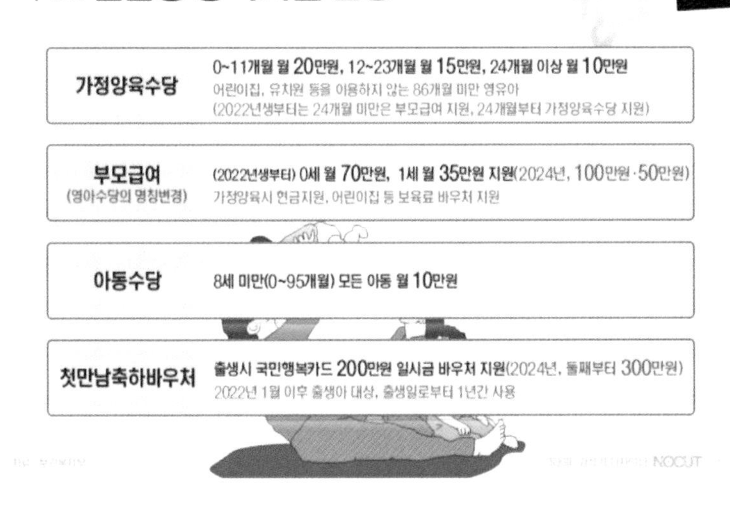

보건복지부 자료를 바탕으로 한 주요 현금성 양육지원 현황. ©노컷뉴스

보건복지부는 2023년 9월 5일 국무회의에서 아동수당법 시행령 일부 개정령안이 의결됐다고 밝혔습니다. 아동수당법이 2세 미만의 아동에게 추가 지급하는 수당을 매월 50만 원에서 매월 50만 원 이상으로서 대통령령으로 정하는 금액으로 상향 조정하는 게 핵심입니다.

이에 2024년 1월 1일부터 만 0세 아동이 있는 가구는 매달 100만 원, 만 1세 아동 가구는 50만 원의 부모 급여를 받게 됩니다. 만 8세 미만 아동을 대상으로 하는 아동수당 월 10만 원은 별도로 지급됩니다. 다만 2023년은 아동수당법 부칙에 따라, 연말까지만 0세 아동 가구는 70만 원, 1세는 35만 원(2022년생부터 적용)을 받습니다.

남성 육아휴직이 합계출산율 높일까요?

답 06.

"남성의 육아휴직을 지원해 부부가 함께 아이를 돌보는 성평등이 이뤄진다면 합계출산율을 올리는 데 기여할 수 있습니다."

스톡홀름 중심가에서 유모차를 끌고 가는 스웨덴 부모들. ©노컷뉴스

한국의 합계출산율이 올해 들어서도 반등 없이 계속 추락하자 일각에서 남성 육아휴직 활성화가 필요하다는 주장이 제기됐습니다. 특히 지난 17년간 저출산 극복을 위한 예산 332조 원이 주로 주거 지원에 쓰였지만, 효과는 미비했다면서, 한 달에 최대 150만 원까지 지급하는 육아휴직 급여 상한액을 높이는 등 일·육아 병행 지원 정책 예산을 더 늘려야 한다는 목소리도 나옵니다.

2023년 10월 초저출산 토론회에서 홍석철 저고위 상임위원은 육아휴직 급여와 출산·육아기 고용안정 지원처럼 일·육아 병행 지원 정책 예산은 1조 8천억 원으로, 중요성에 비해 뒤처졌다며 관련 예산 확대를 강조했습니다. 이 자리에 함께 참석한 박윤수 숙명여자대학교 경제학부 교수는 육아휴직 사용자가 대부분 여성인 상황에서 육아휴직 제도만 강화하면 오히려 노동시장에서 여성 고용을 피할 수 있다면서 남성의 육아휴직 제도 사용을 독려해야 한다고 덧붙였습니다.

남성의 육아휴직 활성화와 육아휴직 급여 상한액 인상은 저출산 극복에 효과적일까요. 전문가들은 남성의 육아휴직을 지원해 부부가 함께 아이를 돌보는 성평등이 이뤄진다면 합계출산율을 올리는 데 기여할 수 있다고 밝혔습니다. 다만 남성 육아휴직 활성화와 급여 상한액 인상이라는 미시적 정책에 초점을 두는 것보다, 올바른 돌봄 문화가 형성될 수 있도록 근본 대책을 마련해야 한다는 데 의견이 모아졌습니다.

남성 육아휴직 급여 수급자 수 증가… “인식변화 있다”

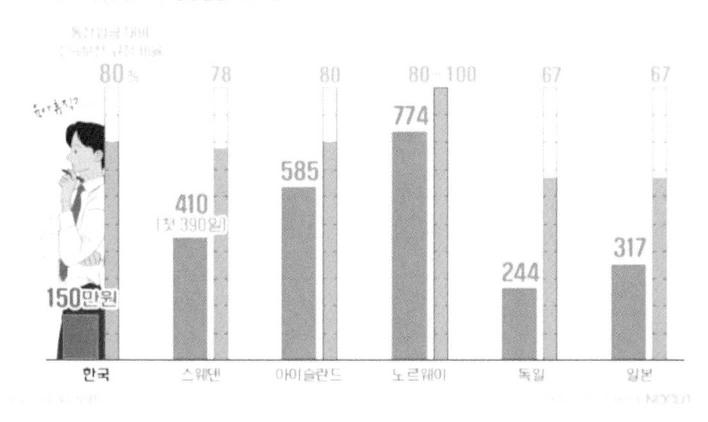

국회예산정책처 자료로 본 해외 주요국 육아휴직 급여 상한액. ⓒ노컷뉴스

고용보험에 따르면 우리나라 육아휴직 급여는 만 8세 이하 또는 초등학교 2학년 이하의 자녀를 가진 근로자가 대상입니다. 자녀를 양육하기 위해 육아휴직을 30일 이상 부여받고 수급 요건을 충족하는 경우 육아휴직 기간에 대해 통상임금의 80%(상한액 월 150만원)를 육아휴직 급여액으로 지급합니다. 고용노동부에 따르면 남

성 육아휴직급여 수급자 수는 지속해서 증가하는 추세입니다. 2016년 7,616명(8.5%)→2018년 1만 7,665명(17.8%)→2020년 2만 7,423명(24.4%)→2022년 3만 7,885명(28.9%)으로 늘어났습니다.

고용부 관계자는 저고위에서 저출산 대책의 하나로 육아휴직 급여의 소득대체율을 높이는 방향 등에 대해서 내부 검토 중이고 재원 조달 방안 등과 함께 충분히 검토돼야 할 사안으로 보인다고 밝혔습니다. 그러면서 "2016년도만 해도 전체 육아휴직급여 수급자의 10%도 안 되던 남성이 2022년에는 28.9%를 차지하고 있어, 남성 육아휴직에 대해 긍정적 시각이 많아지고 있습니다. 그러나 여전히 여성이 70% 넘게 육아휴직을 하는 상황입니다"라고 말했습니다.

고용부는 출산율이 다양한 사회구조적, 문화적 요인에 영향을 받으며 일과 육아의 병행도 그에 영향을 미치는 주요 요인 중 하나라며 육아휴직 등 일과 가정의 양립을 지원하는 제도가 출산을 결정하는 데 있어서 긍정적 영향을 미칠 것으로 전망했습니다.

국내 남성 육아휴직과 관련해 급여나 제도 개편의 효과에 따라서 현재 사용률이 늘어난 상황이라는 분석도 나옵니다. 윤정혜 한국고용정보원 연구위원은 "예전에는 남성이 육아휴직을 쓰면 '너 회사 그만두려고 쓰는구나!'라는 경우가 있었습니다. 그러나 현재는 남자의 육아휴직도 필요하니까 쓴다는 인식들이 공공에서 점점 사기업으로 확대되고 있습니다"라며 "이런 부분 인식변화와 육아휴직 급여 인상 등이 함께 있어서 남성의 육아휴직이 늘어나고 있습니다"라고 말했습니다.

다만 남성의 육아휴직이 증가추세라도 사회적 분위기는 여전히 보수적이라는 지적이 나옵니다. 이재희 육아정책연구소 저출생 육아지원팀장은 "육아휴직에 대한 남성들의 요구가 매우 많지만, 아직도 남성 육아휴직이 사회에서 받아들여지지 않고 있습니다. 육아휴직을 하다 전업으로 전향한 남성들도 있습니다"라고 말했습니다.

이어 "사회적 시선 때문에 무능력한 사람으로 낙인찍히는 문제도 있고, 보험 같은 경우 여성들은 전업주부 난이 있지만 남성들은 없습니다. 차별적 구조입니다"라며 "남성과 관련된 돌봄 인식이 낮고 중소기업은 육아휴직을 거의 쓰지 못하는 상황이며 활용할 수 있게 정부의 지원책이 필요합니다"라고 덧붙였습니다.

문답 속 일문일답 ①

이재희 육아정책연구소 저출생 육아지원팀장

Q 스웨덴 등에선 남성 육아휴직이 보편화돼 있고, 어느 정도 효과를 본 느낌인데 우리나라가 벤치마킹할 수 있을까요? 또 한국 남성의 육아 휴직률은 높아지는 추세인가요?

A 남성들도 육아해야 한다고 생각이 바뀌고 있습니다. 남성 육아휴직, 돌봄을 강조하면 출산율에 기여할 수 있을 것입니다. 육아휴직도 많이 높아지고 있고 인식도 과거에 비해 개선되고 있습니다.

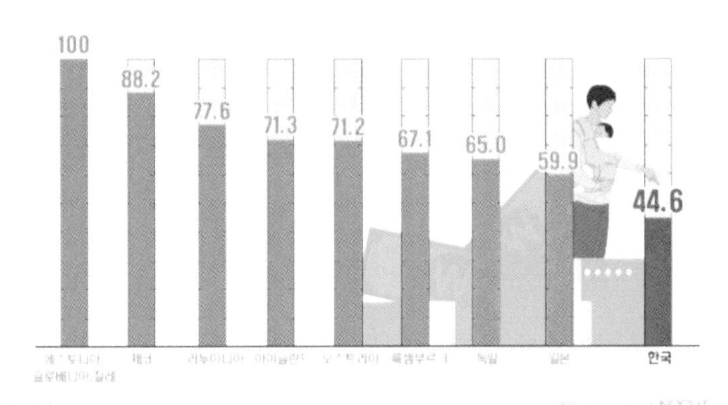

OECD 자료로 본 육아휴직 기간 소득대체율. ©노컷뉴스

육아휴직 급여액 인상?…"단기효과는 있을 것"

학계에선 남성의 육아휴직을 근본적인 저출산 대책으로 바라볼 것이 아닌, 가부장적 가족 구조를 바꿀 하나의 대안 정도로 봐야 한다는 의견이 나옵니다. 정재훈 서울여자대학교 사회복지학과 교수는 남성 육아휴직 확대가 저출산 해법이 될 수 있냐는 물음에 해법이 남성 육아휴직이라기보다, 함께 일하고 함께 돌봄 하는 성 평등이 이뤄져야 출산율이 높아질 것이라며 "남성들도 가장의 부담을 내려놓고, 가부장적 가족 구조가 변해야 한다는 맥락에서는 맞습니다"라고 밝혔습니다.

문답 속 일문일답 ②

정재훈 서울여자대학교 사회복지학과 교수

Q 남성 육아휴직 확대가 초저출생의 해법이 될 수 있을까요?

A 남성 육아휴직이라기보다 함께 일하고 함께 돌봄 하는 성평등이 이뤄져야 출산율이 높아지지 않을까요? 남성들도 가장의 부담을 내려놓고, 가부장적 가족 구조가 전반적으로 변해야 합니다. 그 맥락에서는 맞습니다.

육아휴직으로만 되는 것이 아닙니다. 가족 친화적 기업-경영이 확대되어야 합니다. 우리는 워낙 가족 친화적인 기업-경영이 없으니 육아휴직을 이야기하지만, 육아휴직 제도는 시작에 불과합니다. 그걸로만 되는 것은 아닙니다. 육아휴직, 육아기 근로 시간 단축이 있지만 초등학생 때까지는 탄력 근무를 한다든지 하는 가족 친화 경영이 없으면 어렵다고 봅니다.

Q 우리나라가 스웨덴의 남성 육아휴직 할당제를 벤치마킹하면 효과를 볼 수 있을까요?

A 휴직에 초점을 맞추지 말고 가족 친화 기업-경영. 이것이 더 중요합니다. 따로 직장어린이집이 없더라도 아이를 데려와서 근무할 수 있도록 아이를 위한 공간이 마련돼 있다거나, 육아휴직 중인 직원을 회사 행사에 아이와 초대한다든지 등이 필요합니다. 우리나라가 워낙 이런 제도가 없어서 그렇습니다. 이런 식으로 포인트를 달리 맞출 필요가 있습니다.

김중백 경희대학교 사회학과 교수도 초저출생 해법 100가지가 있다면 남성의 육아휴직이 그중 하나는 될 수 있다면서 "우리나라는 중소기업-자영업 비율이 높은데 그분들에게 육아휴직은 그림 속 떡입니다"라며 "일부 대기업들을 대상으로 하면 도움이 될 것입니다. 당연히 해야 하는 것은 맞지만 이걸로 문제를 해결할 수 있다고 보진 않고 있습니다"라고 말했습니다.

실제 국회입법조사처의 〈육아휴직 소득대체율의 효과: 남성 육아휴직 사용의 조건과 과제(2021년)〉 보고서에 따르면 월 소득 300만 원 이상 근로자의 육아휴직 사용은 2015년 2만 4,832명에서 2020년 6만 3,332명으로 2.55배 늘었지만, 월 210만 원 이하 소득자는 그사이 9만 5,160명에서 7만 904명으로 오히려 19.2%나 줄었습니다.

보고서는 육아휴직 사용이 초래하는 소득 손실이 저소득층 근로자일수록 더 크게 다가오는 만큼 육아휴직급여 하한액을 상향 조정하는 방안을 검토해야 한다며 육아휴직급여 재정의 일반회계 부담을 높일 필요가 있다고 밝혔습니다. 통계청의 〈2021년 육아휴직 통계〉를 살펴봐도 남성 육아휴직자의 71.0%, 여성 육아휴직자의 62.4%가 종사자 규모 300명 이상 대기업 소속이었습니다.

저고위의 육아휴직 급여액 인상 계획에 대해 계봉오 국민대학교 사회학과 교수는 “단기적인 효과는 있을 것 같습니다. 남성 육아휴직을 사용하지 못하는 큰 원인은 소득 감소입니다”라며 “남성 육아휴직률 자체는 분명히 늘어날 수밖에 없는데, 그다음 단계가 남성이 육아휴직을 썼을 때 출산을 더 할 것이냐입니다. 이는 복잡한 메커니즘이 있어 지금 단계에서 예측하기가 쉽지 않습니다”하고 덧붙였습니다. 저고위의 육아휴직 소득대체율 인상이 단기적 효과는 있겠지만 출산율에 영향을 미칠지는 미지수라는 얘기입니다.

남성의 육아휴직이 출산율에 오히려 ‘좋지 않은 영향’을 끼칠 수도 있다는 의견도 나왔습니다. 김조은 KDI 국제정책대학원 교수는 “개인적으로 남성 육아휴직이 중요하다고 봅니다. 그렇지만 학계 논문을 보면 출산율에 직접적 영향을 준다는 데는 합의된 바가 없습니다”라며 “스웨덴-노르웨이 등의 연구 결과를 보면 육아휴직은 아니지만 부성휴가가 의도와 달리 출산율을 낮췄다는 결과도 있습니다”라고 말했습니다.

김 교수는 제반적인 문화가 변하지 않은 상황에서는 남성 육아휴직을 사용하면 오히려 '좋지 않은 영향'이 있을 수 있다면서, 우리나라의 남성 육아휴직 자체가 낮은 이유는 장시간 노동이 개선되지 않았고 노동유연성도 없기 때문이라고 설명했습니다. 김 교수는 일과 가정의 양립이 되지 않는 한국의 현실을 꼬집으며, 육아휴직을 사용하는 남성들이 소득이 낮아지는 것과 함께 진급 차별도 두려워한다는 점을 지적했습니다. 여성보다는 남성이 육아휴직을 썼을 때 진급 박탈률이 더 높다는 결과도 있다는 것입니다.

문답 속 일문일답 ③

김조은 KDI 국제정책대학원 교수

Q 우리나라가 스웨덴의 남성 육아휴직 할당제를 벤치마킹하면 효과를 볼 수 있을까요?

A 제도 자체를 벤치마킹하면 역효과가 일어날 수 있습니다. 스웨덴과 노르웨이에 남성 육아휴직 제도가 활성화돼 있는데, 그 외에 성적으로 평등한 문화도 확산해 있습니다. 그런 문화가 제도율을 높인 건지 제도 자체가 출산율을 높인 건지는 명확하진 않습니다. 문제는 젊은 세대들의 젠더 구조입니다. 이탈리아-스페인 등 남유럽 국가는 젠더 구조가 전통적입니다. 동아시아 국가도 그렇습니다.

경제적으로 성장했지만, 그런 나라들에 초저출산이 나타납니다. 젊은 세대는 성평등으로 나아가고 있는데 결혼 후 기존 세대에 편입되면 실현되기 어려운 구조입니다. 이걸 해결하기 위해서는 조금 더 가족문화나 노동제도 자체를 개혁하는 식으로 가야 합니다.

육아휴직 활성화?…"경제적 안정감 느끼게 해야"

스웨덴 사회보험청 전경. ⓒ노컷뉴스

니클라스 뢰프그렌(Niklas Lofgren) 스웨덴 사회보험청 가족 재정 대변인은 "사실 자녀를 양육하기 위해 집이나 차를 팔아서는 안 된다고 생각합니다. 개인적으로는 소득의 80~100%의 정부 지원을 받는 표준적인 보호 모델이 가장 효과적이라고 생각하며, 이 경우 아이를 가지는 것에 대해 경제적인 안정감을 느낄 것입니다"라고 말했습니다. 이어 "만약 본래 소득의 40~50%만 보장을 받는다면, 일반적으로 남성이 여성보다 소득이 높으므로 남성 육아휴직이 경제적으로 더 타격이 클 것입니다"라고 밝혔습니다.

즉 이렇게 된다면 엄마들이 집에서 육아하는 방향으로 결정을 내리게 될 것이기 때문에 상한선을 너무 낮지 않게 책정해 부모 모두 출산하고 아이를 양육할 수 있도록 도와야 한다는 것입니다. 경제적으로 안정감을 느끼게 하는 것이 중요하다고 분석합니다.

경제협력개발기구(OECD)의 〈가족 데이터베이스〉에 따르면 2022년 기준 한국의 육아휴직 기간 소득대체율(기존 소득 대비 육아휴직 급여로 받는 금액의 비율)은 44.6%입니다. 이는 비슷한 제도를 운용 중인 27개 OECD 회원국(총 38개국) 중 하위권인 17번째 소득대체율입니다.

문답 속 일문일답 ④

니클라스 뢰프그렌(Niklas Lofgren)
스웨덴 사회보험청 가족 재정 대변인

Q 한국이 스웨덴의 남성 육아휴직 할당제 벤치 마킹으로 효과를 볼 수 있을까요?

A 쉽게 대답하기 어려운 주제입니다. 사실 저는 2016년 서울에서 여러 강연을 진행했고, 그 과정에서 많은 한국의 젊은이들을 만났습니다. 제가 만났던 젊은이들은 남성의 육아휴직 제도에 대한 변화를 갈망하는 듯 보였습니다. 물론 1~2년 이내에 변화가 이루어질 것이라고 기대할 수는 없습니다. 스웨덴에서도 오랜 시간에 걸쳐 변화가 일어났습니다.

남성의 육아휴직은 1974년 도입됐으나 초기에는 대부분 남성이 집에서 아이를 양육하는 육아휴직을 사용하고 싶어 하지 않았습니다. 남성들이 육아 휴직률은 거의 0%였습니다. 첫해에는 99.5%의 육아휴직을 여성, 즉 엄마가 사용했고 오직 0.5%의 육아휴직 수당이 남성에게 지급됐습니다.

남성이 육아 휴직일의 절반, 즉 50%까지 사용할 수 있었으나 그들은 그것을 원하지 않았습니다. 개혁을 원했던 것은 남성들이 아니었고, 그들은 집에 있는 것을 원하지 않았습니다. 그래서 육아휴직을 거부했습니다.

사회의 관점과 규범을 변화시키는 데는 오랜 시간이 걸렸습니다. 처음 육아휴직 제도가 도입되고 나서 20년 후, 1995년도에 남성 육아휴직 할당제가 시행됐는데, 그 이유는 육아휴직 시스템이 제대로 작동하고 있지 않았다고 판단했기 때문입니다. 처음 시작할 때의 아이디어는 남성과 여성이 50:50으로 사용하는 것이었는데, 20년이 지났음에도 90:10으로 오직 10%의 남성만이 육아휴직 수당을 사용했던 것입니다.

그래서 육아휴직 시스템에 대한 개혁이 일어났고 그 즉시 큰 효과를 볼 수 있었습니다. 0에서 50으로 상승하지는 않았지만, 며칠만 사용하던 아빠들이 정확하게 한 달(30일)을 사용하게 된 것입니다. 그 이유는 그것이 할당된 기간이었기 때문입니다.

그 이후 우리는 2002년도에 각 부모에게 할당된 육아휴직 기간을 60일로 확대했고, 남성들이 60일의 육아휴직을 사용하기 시작했습니다. 그 이유는 국가에 해당 날들을 돌려주고 싶지 않았기 때문입니다. 국가에 그 날들을 돌려주는 대신 내가 사용하겠다는 태도를 보였습니다.

2016년도에도 같은 양상이 관찰됐습니다. 아빠들이 90일보다 오히려 더 많은 날을 사용하기 시작했습니다. 우리는 통계적 수치로 양성 평등한 육아휴직 사용을 가속한 것을 확인할 수 있었습니다.

남성 육아휴직 효과는 있겠지만… "사회적 문제해결부터"

남성 육아휴직이 추가 출산의 지속성과 밀접한 관계가 있다는 해외 실증결과가 있습니다. 남성의 육아휴직 사용과 출산 지속성

스웨덴 스톡홀름 중심가에서 유모차를 끌고 가는 아빠. ©노컷뉴스

간 관계를 분석한 앤 조피 뒤벤더(Ann-Zofie Duvander) 스톡홀름 대학교 사회학과 교수는 1988~1999년 스웨덴 인구등록 자료와 1993~2003년 노르웨이 인구등록 자료를 이용해 부부의 육아휴직 사용과 출산 지속성 간의 관계에 대해 분석했습니다. 결과적으로 노르웨이와 스웨덴에서 모두 한 자녀 혹은 두 자녀가 있는 가정에서 남성의 육아휴직 사용은 추가 출산의 지속성과 긍정적으로 밀접한 관계가 있는 것으로 나타난 것입니다.

특히 뒤벤더 교수는 출산을 장려하기 위해선 복지시스템이 가동돼야 한다면서 "복직 권리의 보장, 육아휴직 후 직장에서 자신의 직책으로 돌아올 수 있게 하는 것이 중요합니다. 이렇듯 많은 혜택과 제도들이 필요한데, 그중 육아휴직은 주요 구성 요소 중 하나입니다"라며 "스웨덴처럼 출산율을 높이고 싶다면 이런 복지는 필수이며 성별에 상관없이 부모 모두가 육아와 경제적 책임을 똑같이 나누어 부담해야 합니다. 이것이 스웨덴에서 육아휴직에 대한 신념입니다"라고 밝혔습니다.

문답 속 일문일답 ⑤

앤 조피 뒤벤더(Ann-Zofie Duvander)
스톡홀름대학교 사회학과 교수

Q 육아휴직이 초저출생의 해법이 될 수 있을까요?

A 육아휴직 제공과 같은 방법 외에도 출산율을 장려하는 다른 방법들이 물론 있습니다. 다른 국가들은 다른 방법들을 채택하기도 했습니다. 하지만, 현재 스웨덴의 방식이 가장 성공적인 방법인 듯하고 다른 EU 국가들도 스웨덴과 비슷한 복지시스템을 시행하고 있습니다. 육아휴직에 대한 권리는 점점 증가하고 있으며, 양쪽 부모 모두 육아휴직을 사용할 수 있는 권리가 향상 중입니다. 이것이 앞으로 나아갈 바른길이라고 생각합니다.

어린이집과 같은 보육시설은 아주 중요합니다. 스웨덴에서 보육시설을 갖추는 것 또한 오랜 기간에 걸쳐 이뤄졌습니다. 70년대 스웨덴에서는 남녀 모두 어린이집에 관한 토론과 시위에 참여해 더 나은, 더 많은 어린이집을 요구했습니다. 국민의 압력에 반응해 정부는 더 많은 어린이집을 설립했습니다.

이것은 긍정적인 결과를 끌어냈는데, 어린이집이 많아지면서 여성들이 노동시장에 진출했고, 그로 인해 더 많은 세금을 걷을 수 있었기 때문입니다. 하지만 궁극적으로는 이런 국민의 요구는 정부가 혼자 어린이집의 수를 늘리는 것보다 훨씬 더 빠른 속도로 보육시설의 수를 늘릴 수 있게 한 원동력이 됐습니다. 정부가 원하는 바가 있어 새로운 정책을 도입하고 시스템을 변화시키거나, 국민이 원하는 바를 정부가 실현화하기 위해 시스템과 정책이 개발되는 것, 이 두 가지 방법으로 정책이 수립됩니다.

게르다 네이어(Gerda Neyer) 스톡홀름대학교 사회학과 연구원은 우리가 나아가야 할 변화된 사회는 여성이 출산과 직장을 병행할 수 있으며 남성 또한 육아와 직장을 병행할 수 있는 사회여야 한다고 주장했습니다. 네이어 교수는 근로문화뿐만 아니라 가족구성과 젠더 문제들이 변화해야 한다면서 "수당(육아휴직 급여)의 증가는 즉각적인 결과를 끌어낼 수 있을지 모르지만, 일시적인 변화일 뿐입니다. 우리는 이런 경향을 다른 국가들에서 이미 확인했습니다"라고 밝혔습니다. 수당의 증가는 이미 출산하려는 의도를 가졌던 가정의 출산율을 높일 뿐이라는 분석입니다.

해외사례로 본 육아휴직 효과

스웨덴·노르웨이와 우리나라는 사회적 환경이 다르므로 동일선상에서 바라볼 수 없다는 지적도 나옵니다. 이상림 한국보건사회연구원 연구위원은 합계출산율 반등을 위해 제일 중요한 건 일자리, 주거, 교육이라며 스웨덴·노르웨이에선 그런 여건이 다 돼 있고 남성 육아휴직이 출산 지속성을 조금 도와준 것이라는 분석을 내놓았습니다. 우리나라는 청년 일자리나 집값, 사교육 등이 해결이 안 돼 있어, 남성 육아휴직만으로 달라지지는 않을 것이라는 지적입니다. 저출산을 해결하려면 사회적 문제가 우선 해결돼야 하고 남성의 육아휴직은 부차적 문제라는 진단인데, 실제 국내 전문가들은 저출산 해법으로 남성의 육아 참여를 강조하면서도, 남성의 육아휴직은 제도적 유인책 정도로 판단했습니다.

해외에서 저출산을 극복한 사례 중 남성의 육아휴직 의무화가 제도적 특징인 나라는 프랑스, 독일, 스웨덴, 일본 등입니다. 먼저 프랑스는 육아휴직과 관련해 부모가 최대 3년이며, 남성의 육아휴직은 6~12개월 의무입니다. 독일은 부모가 최대 14개월이며 남성 육아휴직 8주가 의무이고, 스웨덴은 부모의 육아휴직이 각 240일(총 480일), 남성은 90일 이상 의무로 휴직해야 합니다.

국회예산정책처의 〈초저출산 탈피 해외사례 검토 및 국내 적용 방안 연구〉에 따르면 전통적인 가부장 국가인 독일에서 남성의 육아 참여를 독려해 남성의 육아 휴직률 증대와 출산율의 감소 추세를 극복한 것은 스웨덴과 마찬가지로 저출산 정책의 지속적 추진이 전통문화를 바꾼 성공 사례입니다.

해당 보고서는 남성 가사 참여율 증대(문화 정착), 일·육아 병행 지원체계, 여성의 고학력·고소득에 따른 양육 부담 감소 등의 요인은 출산율을 증가시킨다는 연구 결과를 내놓았습니다. 초저출산 극복의 성공적 추진을 위해서는 일, 가정 양립을 위한 남성 돌봄 의무화 제도 강화 및 사회적 참여를 독려할 필요가 있다는 것입니다.

실제 프랑스 정부는 EU에서 상대적으로 낮은 남성의 육아 참여율을 높이기 위해 남성의 육아휴직을 제고시키는 사회적 분위기와 문화를 조성하고 있습니다. 특히 출산휴가 및 육아휴직 후 복직이 보장되는데, 같은 월급과 직급을 보장하면서 복직을 시키도록 노동법에 규정하고 있습니다.

프랑스 파리에서 가이드 일을 하며 아이를 키우는 학부모인 김민철 씨. ⓒ노컷뉴스

프랑스 파리에서 가이드 일을 하며 아이를 키우는 학부모인 김민철 씨는 "육아휴직을 해서 복직을 하는 데 큰 어려움이 없어서 애를 낳을 수 있는 부분이 있습니다"라며 "소득이 줄어도 프랑스 정부 보조금으로 충당이 됩니다"라고 분위기를 전했습니다. 육아휴직 후 소득이 줄더라도 국가에서 나오는 보조금으로 생활할 수

있고 직장 복귀도 어렵지 않기 때문에 부모의 부담감이 덜 하다는 게 김 씨의 설명입니다.

저출산 정책으로 출산율 감소 추세를 극복한 나라는 스웨덴과 독일입니다. 1974년 유럽 최초로 남성과 여성이 모두 육아휴직을 사용할 수 있는 제도를 도입한 스웨덴은 자녀 출산 후 14주간의 유급 여성 산후휴가 제도가 부모 육아휴가로 확대 재편돼 출산 후 6개월 동안 부모가 나누어서 유급 육아휴가를 사용할 수 있게 됐습니다.

1980년 부모 육아 휴가제도는 1년으로 확대됐고 3개월 추가 휴가가 가능하도록 변경됐습니다. 1995년에는 부모 각자에게 육아휴직 1개월씩 할당하는 '엄마 할당제'와 '아빠 할당제'를 도입했습니다. 할당 기간을 2002년 60일, 2016년 90일로 각각 증가시키는 개혁을 추진했습니다.

스웨덴 사회보험법에 따르면 부모 휴가제도는 자녀 1명당 총 480일이며 부모는 자녀가 12세 혹은 초등학교 5학년을 마칠 때까지 주어진 480일을 재량껏 나눠 사용합니다. 다만 부모에게 각각 할당된 기간이 90일이기 때문에 한 부모 외에는 부모 중 한 명이 최대로 사용할 수 있는 부모 휴가 기간은 390일이 됩니다.

예를 들어 남편만 일하는 외벌이 가정이라도 법적으로 남편은 90일의 육아휴직을 해야 하는 것입니다. 스웨덴의 육아휴직은 여성만이 사용하는 것이라는 인식을 전환해 남성의 육아 참여를 독려하는 개혁을 추진했습니다. 그 결과 스웨덴의 합계출산율은 2000년 1.54명에서 2010년 1.98명, 2016년 1.85명 등으로 증가했습니다.

독일은 여성부 장관 출신 메르켈이 총리가 된 후 육아 정책을 전면 개정했습니다. 2007년 유급 육아휴직 기간을 3년에서 1년으로 줄이는 대신 육아 관련 시설을 대폭 확충하고, 남성의 육아 참여를 독려하기 위해 남성이 육아휴직을 신청하면 휴직 기간을 2배로 확대해 주는 보너스 제도를 운용했습니다. 부부가 14개월 육아휴직을 사용하면 이 중 2개월은 남성의 몫으로 의무화했으며 정부와 경제계가 남성의 육아 참여를 적극적으로 독려하고 실질적으로 이행을 강제했습니다.

이외에 폴란드는 부모 휴가와는 별개로 여성이 출산휴가를 사용할 수 없으면 남성은 9주간의 육아휴가를 사용할 수 있습니다. 자녀 출산 후 12개월 이내에 육아휴가를 사용하지 않으면 사용 권리가 소멸하며 배우자에게 양도할 수 없습니다. 북유럽 국가는 아동 돌봄에 대한 젠더 평등 문화가 강해 아동 돌봄에 대한 남성의 참여도가 상대적으로 높으므로 남성의 돌봄 참여도 제고 정책이 효과적인 것으로 평가되고 있습니다.

일본은 첫 출산 여성의 복직 비율을 높이기 위해 현재 10%대인 남성의 육아휴직 사용률을 2030년 30% 달성을 목표로 육아·간병 휴업법을 개정했습니다. 일본의 미쓰이 스미토모(三井住友) 해상화재보험사는 2023년 4월부터 '육아휴직 응원 수당' 제도를 시행하기도 했습니다. 이 제도는 남성 직원이 육아휴직을 가면 해당 부서 동료들에게 최대 10만 엔(약 100만 원)을 회사가 일시금으로 지급하는 것입니다.

이런 내용을 토대로 국회예산정책처 연구보고서를 작성한 김형구 부산경제연구소장은 한국의 초저출산 극복을 위한 제안 사항을 제시하기도 했습니다. 구체적으로 단기 제안 사항 중 저출산 정책은 저출산 패키지 정책 추진, 저출산 정책 총괄관리·추진부처 설립, 육아휴직은 육아휴직 급여 상한액 인상 및 아동기 전체 확대 등이 제시됐습니다. 중기 제안 사항에서는 저출산 패키지 정책 추진 및 단편적 정책 지양, 저출산 총괄관리부처 신설 및 기존 기능 통폐합 등이 나타났고 장기 제안 사항은 가족정책 중심의 종합복지정책 연계 추진, 장기 저출산 정책 수립·추진 등입니다.

육아휴직이 해결책?…중요한 건 남성의 육아 참여

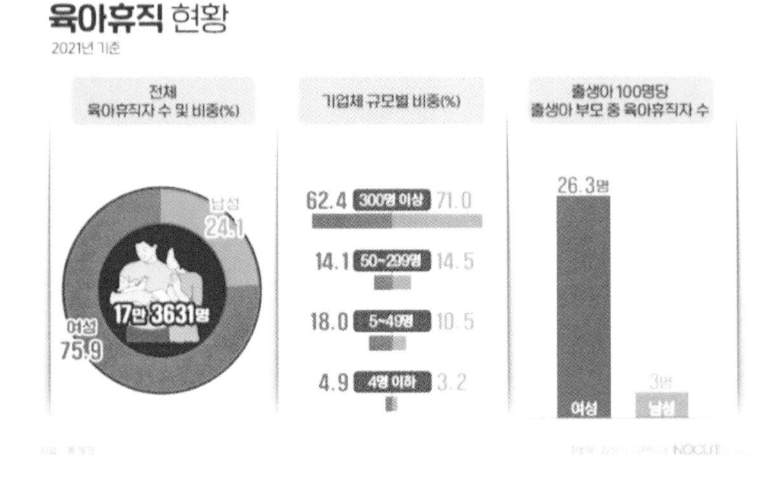

통계청 자료로 본 육아휴직 현황. ©노컷뉴스

육아휴직 제도 자체가 출생아 수를 높이는 데 효과가 있을까요. 한국재정학회의 〈저출산 정책의 효과성 분석: 육아휴직 제도를 중심으로〉 연구에 따르면 1988년부터 시행된 육아휴직 제도는 장기적 관점에서 출생아 수에 긍정적인 효과를 줬습니다.

다만 육아휴직 제도가 출생아 수에 긍정적 요인으로 작용했다는 것과 함께 2001년부터 추가로 시행된 육아휴직 급여 지급 제도는 오히려 출생아 수를 줄이는 것으로 나타나, 두 효과 모두 단기적 관점이 아닌 장기적 관점에서 유의한 효과였음을 실증했습니다. 이런 분석 결과는 시행되고 있는 현금 지원 정책에 대한 개선이 필요하다는 시사점을 도출했습니다.

육아휴직은 물론 남성의 육아 참여가 높을수록 출산율도 높아진다는 연구도 있습니다. 한국보건사회연구원의 〈기혼 부부 무자녀 선택과 정책〉 연구보고서에 따르면 남성의 육아·가사 참여 참여율도 출산율과 비례하는 것으로 분석됐습니다.

이윤석 서울시립대학교 도시사회학과 교수는 국외 그리고 국내 많은 경험적 연구는 아버지의 적극적 육아 참여가 어머니의 육아 부담을 줄이고 결과적으로 둘째를 낳을 가능성을 높인다고 지적한다고 밝혔습니다. 구체적인 연구 결과를 보면 △육아휴직을 하는 아버지는 일반적으로 육아에 적극 참여하며, △아버지의 육아 참여가 많을수록 어머니의 스트레스 지수가 낮아지고 삶의 만족도가 올라가며, △아버지의 육아 시간이 많아질수록 둘째가 태어날 확률이 높아집니다.

이 교수는 남성의 육아휴직에 대한 사회적 인식이 달라져서, 많은 아버지가 육아휴직을 쓰는데 부담이 덜어지면 최종적으로 부부는 둘째, 셋째를 가질 가능성이 커지게 될 것이라고 설명했습니다. 남성의 육아 참여를 독려할 정책이 정착될수록 출산율은 더 높아질 수 있고, 그 방안으로 남성의 육아휴직 활성화를 위한 예산 확대도 필요해 보인다고 분석합니다.

프랑스 파리 한 거리에서 선생님이 아이들을 인솔하고 있는 모습. ©노컷뉴스

올리비에 코르보베스(Olivier Corbobesse) 프랑스 가족 수당 기금(CAF) 국제관계 담당자는 남편들의 육아 휴직률이 높아지면 출산율도 간접적인 영향을 받을 것이라고 분석했습니다. 그는 "프랑스에서는 수십 년 전부터 부모가, 특히 어머니들이 가정과 일의 양립을 원하는 경향이 점차 증가하고 있습니다. 출산과 직업을 갖는 것 중 하나를 선택하는 것이 아닌 두 가지를 모두 원한다는 것"이라고 말했습니다.

코르보베스 국제관계 담당자는 "우리 기관이 하는 일은 기본적으로 여성들이 두 가지를 모두 할 수 있도록 돕는 일입니다. 그러기 위해서는 또 다른 조건이 필요한데 바로 아버지들의 출산휴가와 육아휴직을 장려해야 한다는 것입니다"라며 "프랑스 등 유럽 국가에서 공통으로 확인할 수 있는 사실은 출산율을 높이기 위한 가장 중요한 수단 중 하나는 여성이 일과 아이 모두를 가질 수 있도록 하는 것입니다"라고 덧붙였습니다.

실제 유럽에서 출산율이 가장 높은 국가들은 여성의 경제 활동 비중, 즉 여성 고용률이 가장 높은 국가들인 것으로 확인됐습니다. 여성의 경제 활동 참여율과 출산율은 서로 상충하는 지표가 아니라는 것입니다. 남성 육아휴직은 여성의 가정과 일 양립을 도울 수 있다는 측면에서 출산율 상승에 기여할 것이라는 분석입니다.

문답 속 일문일답 ⑥

올리비에 코르보베쓰(Olivier Corbobesse)
프랑스 가족 수당 기금(CAF) 국제관계 담당자

Q 프랑스에서는 남편의 육아휴직이 출산율을 높인다는 분위기가 있는지, CAF 차원의 남성 육아휴직 지원책이 있는지 궁금합니다.

A 여성에게 아이만 낳고 일하지 말라고 하면 정책적 효과가 없을 것입니다. 따라서 아버지들의 육아휴직을 장려하는 장치를 마련해야 합니다. 예를 들어 탁아소에 어린 자녀를 맡길 수 있도록 자리를 늘리는 것이죠.

최근 개정된 부성휴가(congé de paternité) 제도를 보자면, 아이 아버지는 산모와 함께 출산일부터 7일간 의무적으로 출산휴가를 쓰도록 개혁이 이루어졌습니다. 7일간 법적으로 보장된 휴가이므로 고용주는 이에 대해 이의를 제기할 수 없음을 의미합니다. 7일까지는 의무, 25일까지 선택적으로 사용할 수 있습니다. 이는 매우 중요한 개혁입니다.

지난 2019년 유럽 의회는 27개의 회원국에 부성휴가 도입을 의무화하는 지침을 발표한 바 있습니다. 프랑스는 그 전에 부성휴가를 의무화했습니다. 프랑스는 이미 관련 사항에서 유럽연합보다 한발 앞서 있는 것입니다. 프랑스는 7일간의 부성휴가를 의무화하고 있습니다. 그런데 유럽연합의 다른 국가들은 최소한 남성의 육아휴직을 허용하도록 요구받는 상황입니다.

유럽에서 출산율이 가장 높은 국가들은 여성의 경제 활동 비중, 즉, 여성 고용률이 가장 높은 국가들인 것으로 확인됐습니다. 여성의 경제 활동 참여율과 출산율은 서로 상충하는 지표가 아니라는 것입니다. 프랑스, 그리고 유럽의 여성들은 모두 아이를 낳고 싶어 하고 동시에 직업을 갖기를 원합니다. 따라서 우리 공공 정책이 할 일은 이를 지원하고 두 가지 모두를 병행할 수 있도록 돕는 것입니다.

Q 프랑스 부성휴가(congé de paternité)는 7일까지는 의무이고, 25일까지 선택적으로 사용할 수 있다는데, 그 이상 쓸 수 있나요?

A 여성은 출산일부터 7주간의 모성 휴가(congé de maternité)를 사용할 권리가 있습니다. 이 기간 최대한의 수당과 보호가 보장됩니다. 남성의 경우 출산일부터 7일은 의무, 25일까지 최대한의 수당을 받는 부성휴가의 권리를 보장받습니다. 그 이상의 경우는 남녀 누구든 사용할 수 있는 육아휴직(congé parental)을 사용해야 하며, 이 경우 월 지급 수당이 428유로로 매우 적습니다.

과도한 사교육비는 한국 저출산 원인 중 하나일까요?

답 07.

"연구 결과에 따르면 사교육비가 1% 오르면 출산율은 0.0019명 감소한다고 합니다. 최근 설문조사에서도 사교육비를 이유로 출산을 피하는 경향이 나타났습니다."

"아이를 너무 갖고 싶긴 한데… 자식 나이에 '0' 붙이면 월 학원비래요."

경기도 의정부에 사는 윤 씨(32)는 '강제 딩크족'입니다. 아이를 갖고 싶으나 경제적 이유로 자녀를 포기했습니다. 주변에서 임신 소식이 들려올 때마다 씁쓸한 마음이 들지만 아무리 계산기를 두드려도 답은 나오지 않습니다. 맞벌이 윤 씨 부부의 월평균 소득은 550만 원. 충분히 아이를 키울 수 있는 조건이 아니냐는 질문에 "우리야 아낀다고 해도 애한테 아낄 수 있나요. 정부 지원을 받을 수 있는 나이까진 괜찮을 것 같은데 학원비다 뭐다 그 이후가 시작인 거죠"라며 한숨을 내쉬었습니다.

교육비 부담으로 출산을 포기하는 것은 비단 윤 씨만의 일이 아닙니다. 지난해 인구보건복지협회가 실시한 〈저출산 인식 조사〉에 따르면 만 19~34세 청년세대는 출산을 원치 않는 가장 큰 이유로 '양육비·교육비 등 경제적 부담'(57%)을 꼽았습니다. 한반도 미래인구 연구원의 〈2023 설문조사 결과〉도 크게 다르지 않았습니다. 20~39세 미혼 청년의 47%가 출산 의향이 없다고 응답했는데요. 남성의 43.6%는 '자녀 교육에 막대한 비용이 들어서'라고, 여성 49.7%는 '육아에 드는 개인적 시간·노력을 감당하기 어려워서'라고 답했습니다.

월급 16%가 '사교육비'로 줄줄…학부모 허리 휜다

교육부와 통계청의 〈2022년 초·중·고 사교육비 조사 결과〉에 따르면 전체 학생 1인당 월평균 사교육비는 41만 원으로 초등학생 37만 2천 원, 중학생 43만 8천 원, 고등학생 46만 원이었습니다. 사교육을 받은 학생 기준 월평균 사교육비는 52만 4천 원으로 초등학생 43만 7천 원, 중학생 57만 5천 원, 고등학생 69만 7천 원으로 나타났습니다. 같은 해 3인 가구 중위소득이 약 420만 원임을 고려하면 월급의 10~16%가량이 사교육비로 나간 셈입니다.

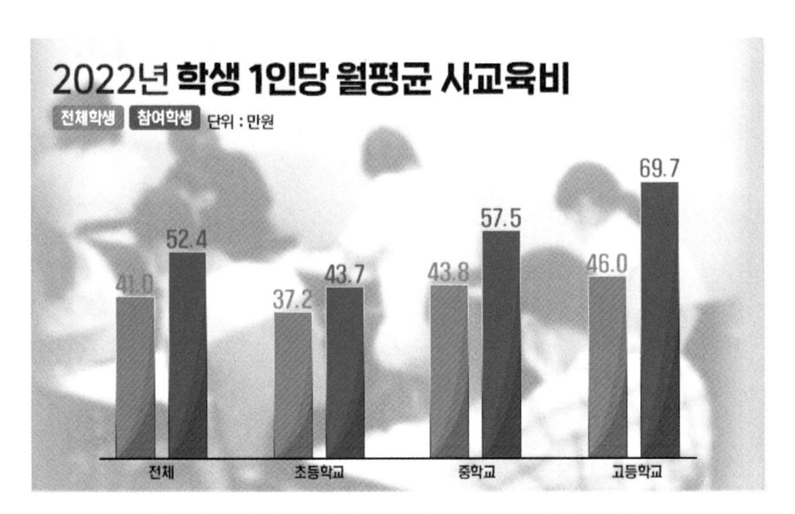

2022년 전체 학생과 참여 학생별 1인당 월평균 사교육비 ⓒ노컷뉴스

이에 일부 학부모들은 실제로 지출하는 교육비가 더 크다며 교육부의 조사가 현실과 동떨어져 있다고 지적합니다. 지역별 편차를 반영하지 못하고, 겨울방학 기간의 사교육비를 포함하지 않는다는 한계가 있기 때문입니다. 해당 조사는 전국 초·중·고 3천여 곳의 학부모 7만 4천 명을 설문해 평균을 내는데요. 교육열이 높은 지역으로 좁혀 사교육 참여 고등학생 기준 금액을 살펴보면 서울 93만 7천 원, 경기 72만 7천 원, 대구 70만 4천 원으로 평균치를 훨씬 웃돕니다. 또, 3~5월 1차 조사와 7~9월 2차 조사를 통해 나온 사교육비를 연간화 해 평균을 내기 때문에 방학 기간의 사교육비는 포함되지 않습니다. 보통 겨울방학 동안 다음 학년을 위해 사교육비를 더 많이 지출하는 경향이 있습니다.

한국 학생들은 '생존 경쟁'…부모 목표는 '명문대'

한국의 과도한 교육열은 세계적으로도 독특한 현상으로 꼽힙니다. 미국 언론 CNN은 최근 한국의 사교육 세태를 적나라하게 짚은 바 있는데요. CNN은 한국에서 아이를 키우기란 쉬운 일이 아니라며 "아기가 걷기 시작할 무렵 많은 부모가 명문 사립 유치원을 찾기 시작한다"라고 밝혔습니다. 학원을 한국 발음 그대로 'Hag-won'이라고 소개하며 한국 학생들은 학교 정규 수업이 끝나면 바로 저녁에 학원에 가고, 집에 와서도 새벽까지 공부하는 것이 일반적이라고 전하기도 했죠. 한국의 학원 산업을 지적하며 "지난해 한국인은 사교육에 총 200억 달러(약 26조 원)를 지출했습니다. 이는 아이티(210억 달러)와 아이슬란드(250억 달러)와 같은 국가의 국내총생산(GDP)과 맞먹는 수준입니다"라고 밝히기도 했습니다.

특히 CNN은 한국은 자녀를 18세까지 키우는 데 가장 돈이 많이 드는 나라라며 그 원인을 교육비로 꼽았습니다. 그러면서 극한 생존 경쟁 사회 속 한국 청소년의 우울증 경험 건수, 세계 최저 수준인 한국의 출산율을 언급했습니다. "최근 16년 동안 한국 정부는 약 263조 원 이상을 쏟아부으며 출산을 장려해 왔지만, 이 문제를 해결하기 위한 노력은 대체로 효과가 없었다"라는 말도 덧붙였습니다.

2024 정시 합격 전략 설명회에 참석한 수험생과 학부모. ⓒ노컷뉴스

고질적인 사교육 문제를 타파하기 위해 최근 정부는 수능 킬러 문항 배제를 시도했습니다. 그러나 2024년도 수능은 만점자 1명, 역대급 불수능이라는 결과를 낳았죠. 되레 수험생 10명 중 4명이 재수를 고려하고, 정시 컨설팅이 호황을 이루는 등 사교육을 부추기는 꼴이 됐다는 비판에 직면했습니다. 정부는 이외에도 공정한 수능·입시체계 구축, 사교육 카르텔 근절, 초등 돌봄 수요 국가 흡수, 중·고교 맞춤형 학습 지원, 유아 공교육 강화 등의 대책을 세웠습니다.

정부가 '사교육과의 전쟁'을 선포한 것은 이번뿐만이 아닙니다. 1980년 전두환 신군부는 '7·30 교육개혁 조치'를 통해 과외를 전면

금지했습니다. 시행 초기에는 효과를 거두는 듯했지만, 단속을 피한 불법과외가 횡행하기 시작했죠. 결국 과외 금지는 2000년 위헌으로 판결되며 역사의 뒤안길로 사라집니다. 김대중 정부는 수시를 도입하며 야간자율학습-모의고사 등을 폐지했지만 학력 저하 문제가 발생했고, 노무현 정부는 절대평가를 폐지하고 9등급제를 도입했지만, 대학들이 변별력 확보를 위해 논술 비중을 높이는 바람에 논술 과외 열풍이 전국에 일었죠. 이명박 정부는 과외 금지를 떠올리게 하는 '심야 학원 교습 제한'을 추진했습니다. 밤 10시 이후부터는 학원 수업이 금지되는 것인데요. 학원계의 반발로 법제화는 무산되었습니다. 박근혜 정부 때는 '선행학습 금지법'이 국회 통과돼 선행학습과 그에 따른 광고가 금지되기도 했습니다. 공교육에서의 선행학습을 줄이는 데엔 성공했지만, 학원 등지에서는 실질적 법적 제재가 이뤄지지 않아 유명무실한 법안이 되었죠.

이와 같이 사교육의 근본 원인을 정확하게 진단하지 않은 보여주기식 정책은 항상 실패로 이어져 왔습니다. 역대 정부의 사교육 대책 실패로 좋은 대학에 가야 고임금 직장을 얻을 수 있다는 공식은 여전히 유지되고 있습니다. 오늘도 학부모들은 자녀가 좋은 직업을 얻길 기대하며 계속해서 지갑을 열고 있습니다. 계층 이동 사다리 역할을 했던 교육이 사교육을 통한 부의 대물림으로 변한 지 오래 입니다. 한국 사회의 입시제도, 학벌주의, 학력에 따른 임금 격차, 직업 간의 위계 등의 구조를 바꾸지 않는 한 문제해결이 어려울 것으로 보입니다.

이재희 육아정책연구소 저출생 육아지원팀장도 이 부분에 주목했습니다. 그는 사교육 성행 원인이 직업 간 위계가 심해지고 있는 상황 때문이라며 "의대 쏠림 현상과 같은 일률적 기준의 좋은 대학과 좋은 직장 선호가 없어지지 않는 한 저출산 기조는 꺾이지 않을 것"이라고 전망했습니다. 이어 이 팀장은 "사회적 형평성 회복이 필요한데 문화 사회적으로 고착되어 있다 보니 해결이 쉽지 않을 것입니다"라고 씁쓸해했습니다.

문답 속 일문일답 ①

이윤석 서울시립대학교 도시사회학과 교수

Q 출산율과 사교육비는 어떤 상관관계가 있을까요?

A 가구당 자녀 수가 줄어들면서 자녀에 들어가는 육아 비용이 더 줄어들어야 하는데요. 부모로서는 아이가 셋에서 둘, 둘에서 하나가 됐는데도 경제적으로 훨씬 더 큰 부담을 느끼고 있습니다.

요즘은 수능을 위한 사교육뿐 아니라 다양한 예체능 기술을 익혀야 한다고 생각합니다. 가능하다면 해외도 다녀와야 하고요. 학부모들의 기대 수준은 점점 높아지는데 이를 공교육이 따라가지 못하고 있습니다. 결국 이 모든 부담이 사적으로 전가되면서 아이 수가 줄어들고 있음에도 부모들의 경제적인 부담은 커지는 것이지요.

문답 속 일문일답 ②

이재희 육아정책연구소 저출생 육아지원팀장

Q 최근 영어유치원 열풍이 불고 있습니다. 2023년 교육부 조사에 따르면 월평균 학원비가 124만 원에 이른다고 하는데요. 이를 어떻게 보시나요?

A 사교육 문제를 풀기란 참 쉽지 않습니다. 부모의 의지로 자녀에게 사교육을 시키는 상황이라 정책만으로 이를 해결하긴 어렵습니다. 세대가 바뀌면 달라지지 않을까 하는 기대를 품습니다. 우리의 뒷세대는 우리 같은 실수를 반복하지 않았으면 좋겠습니다.

Q 많은 부모가 육아 지원책을 두고 '정작 돈이 많이 들 때 지원이 끊긴다'라고 이야기하는데요. 어떤 지원책이 나와야 할까요?

A 고민이 많이 되는 부분입니다. 부모 급여, 첫 만남 이용권, 아동수당 등 우리나라는 출산 초기 지원이 많은 구조입니다. 그러나 실제 부모님들은 중학교 이후부터 아이를 키우는 데 돈이 많이 든다고 하소연하십니다. 사교육비 때문이죠. 그렇다고 아동수당을 무턱대고 늘릴 수도 없습니다. 다수의 전문가가 늘어난 수당이 사교육 기관으로 흘러갈 것을 우려합니다. 아동수당 확대의 필요성엔 공감하면서도 강력하게 이야기하지 못하는 상황인 것입니다. 결국 사교육 문제를 해결해야 합니다.

사교육비 1% 오르면 출산율은 0.0019명 감소한다

사교육비와 출산율의 직접적 상관관계를 밝힌 연구 결과도 있습니다. 1인당 사교육비가 1% 증가하면 이듬해 합계출산율이 약 0.0019명 감소한다는 것입니다. 박진백 국토연구원 부동산시장연

서울 목동 학원가 모습. ©노컷뉴스

구센터 부연구위원의 〈주택가격과 사교육비가 합계출산율에 미치는 영향과 기여율 추정에 관한 연구〉에 따르면 2009~2020년 우리나라 16개 광역지자체를 대상으로 조사한 결과 이러한 경향은 모든 분석에서 일관됐습니다.

각 변수의 출산율 감소 기여율을 추정한 결과 사교육비 영향은 26.4%로 주택가격(12%)보다 두 배 이상 높았는데요. 자녀 사교육비 경감이 출산율 회복에 더 중요한 요소로 나타난 것입니다. 박진백 부연구위원은 '2023 사교육비가 저출산에 미치는 영향 분석과 대안 모색' 토론회에서 현 정부의 저출산 정책은 출산을 유도하는 것보다 안정적 양육에 초점을 맞추고 있음을 지적했습니다. 그러면서 "첫째 자녀 출산 유도를 위해서는 주택가격 안정, 신혼부부 주거비 경감, 주택공급 확대 등이 필요하며, 둘째 자녀 출산 유도를 위해선 사교육비 경감 및 공교육 현실화가 핵심 과제"라고 밝혔습니다.

감사원도 〈2021 저출산·고령화 대책 성과분석 및 인구구조 변화 대응 실태〉 보고서에서 사교육비를 저출산 원인으로 짚었습니다. 사교육비, 주택가격, 실업률은 출산·혼인율과 음(-)의 상관관계를 갖는 것으로 나타났는데요. 사교육비 등이 높아질수록 출산·혼인율은 떨어진다는 의미입니다.

직접적 영향이 있다고 보기엔 무리가 있다는 의견도 있었습니다. 계봉오 국민대학교 사회학과 교수는 "사교육비는 늘었고 출산율은 떨어졌으니 당연히 네거티브한 결과가 나오긴 하겠지만, 교육비 상승이 저출산에 영향을 줬다고 말하기는 어려워 보입니다"라고 말했습니다.

문답 속 일문일답 ③

이상림 한국보건사회연구원 연구위원

Q 높은 교육비 때문에 젊은 층이 결혼과 출산을 피한다는 분석이 나옵니다. 어떻게 생각하시나요?

A 이건 사실 가치질문에 가깝습니다. 보기에 따라 다르고 복합적인 이유가 얽혀있겠지요. 가령 청년들에게 왜 결혼과 출산을 피하느냐고 묻는다면 가장 많은 대답으로는 주택가격이 나올 것입니다. 아이를 낳으면 비용이 많이 들어서라는 대답도 나오겠지만, 내가 우리 아이가 태어나도 행복하지 않을 것 같다 같은 이런 대답도 나올 수 있습니다. 하나를 콕 집어 이게 가장 큰 이유라고 말하기는 애매한 문제입니다.

돌봄 공백에 학원 '뺑뺑이'… 울며 겨자 먹기로 사교육비 지출

남양주에 거주하는 유 씨는 저출산 시대에 보기 드문 네 자녀의 엄마입니다. 첫째는 초등학교 2학년, 둘째는 내년 초등학교 입학을 앞두고 있습니다. 최근 일을 시작한 유 씨의 가장 큰 고충은 돌봄 공백입니다. 아이들이 집에 없는 황금 시간대 근무를 운 좋게 구했지만, 이 업무마저도 쉽지 않습니다. 아이들은 왜 이리 자주 아픈지, 또 방학은 왜 이렇게 자주 찾아오는지 말이죠. 유 씨는 "부모들 사이에서 '아이가 셋 이상이면 엄마가 일을 안 하는 게 경제적으로 더 이득'이라는 말이 통용됩니다. 주위 맞벌이 부부들은 아예 차량

유 씨와 네 자녀. ⓒ유 씨

이 학교 앞까지 오는 학원 위주로 뺑뺑이를 돌립니다"라고 하소연했습니다.

교육열과 함께 돌봄 공백이 사교육비 지출의 또 다른 원인으로 지목되고 있습니다. 교육부의 사교육비 조사에서도 이러한 추세를 짐작할 수 있는데요. 초등학생 사교육 참여율은 85.2%로 중학생(76.2%), 고등학생(66.0%)보다 높았고, 주당 참여 시간 또한 7.4시간으로 7.5시간으로 나타난 중학생과 비슷한 수준이었습니다.

문답 속 일문일답 ④

네 자녀를 키우는 유 씨

Q 저출산 시대에 자녀 넷을 출산하신 것은 여러모로 큰 결심이었을 것 같습니다. 나라의 지원이 충분하다고 생각하시나요?

A 사실 둘째까지만 낳으려고 계획했었는데요. 아이들이 선물 같기도 했고 다자녀 혜택이 있겠거니 싶어 넷째까지 낳았습니다. 그런데 정부 혜택이 솔직히 큰 도움은 되진 않네요. 아이가 네 명이나 되니 식비, 생활비 등 돈이 배로 듭니다. 아직 아이들이 어려 교육비 부담이 크진 않지만, 학원을 하나씩만 보내도 4개가 되니 심적으로 걱정이 되는 것은 사실입니다.

특히, 큰 애를 초등학교에 보내며 더 신경 쓸 게 많아졌습니다. 어린이집 등 보육시설에 보낼 때보다 훨씬 집에 일찍 오는데 지원금은 끊겼으니까요. 초등학교의 경우 방과 후 수업을 하는데 그마저도 치열합니다. 특히 아이들이 좋아하는 것은 소위 광클해야 성공하니 일하는 엄마는 성공하기 어렵죠. 그럼, 그때부터 차량을 운행하는 학원 위주로 뺑뺑이를 돌리는 거죠. 그래서 아예 아이가 초등학교에 들어가면 육아휴직을 쓰겠다는 가정도 많습니다.

Q 아이를 키우며 느끼는 가장 큰 고충은 무엇인가요?

A 아이들이 학교나 유치원에 가지 못하는 상황이 생겼을 때 아이를 봐줄 사람이 없다는 것입니다. 다자녀를 키우니 그 부분이 더 힘듭니다. 요즘엔 조부모님들이 아이를 봐주는 추세도 아닐뿐더러 60~70세까지 일을 하니까요. 최근 운 좋게 아이들이 집에 없는 10시부터 2~3시까지 근무하는 파트타임을 구했는데요. 이 부분도 씁쓸합니다. 출산과 육아로 인해 경력 단절을 겪은 엄마들이 다시 정규직으로 일하기란 쉽지 않습니다. 알바 개념으로 일을 하고 있어서 '아이가 아파서 못가요'라고는 말을 하기가 더 어렵고요. 이런 일을 겪다 보면 차라리 일을 하지 말자는 마음이 들죠. 아이가 셋 이상이면 엄마가 일을 하지 않는 것이 경제적으로 이득이라는 말도 있고요.

돌봄 공백을 해소하기 위해서는 무엇이 필요할까요? 정재훈 서울여자대학교 사회복지학과 교수는 사회적 돌봄 체계 마련과 가족 친화적 기업 경영을 꼽았습니다. 교육비 해소는 저출산 문제해결의 필요조건이지 충분조건이 아니기 때문에 장기적으로 부모의 일과 가정이 양립할 수 있는 환경을 만들어야 한다는 의견입니다. 돌봄 부담을 국가가 나눠 갖고 일하는 부모를 위한 기업문화가 만들어진다면 출산율 반등 효과를 볼 수 있다는 것이죠. 김중백 경희대학교 사회학과 교수는 이는 결국 안정성에 관한 문제라고 설명했습니다. 그는 특히 거주 안정을 위한 정부의 적극적인 대책 마련을 촉구했는데요. 정부가 저출산 해결을 우선순위로 세웠다면 더 많은 젊은 세대가 직장이 있는 수도권에 진입할 수 있도록 밀어붙여야 한다고 밝혔습니다.

문답 속 일문일답 ⑤

정재훈 서울여자대학교 사회복지학과 교수

Q 사교육비 부담이 해소되면 출산율이 반등할까요?

A 사교육비 부담이 줄어들면 출산율 반등이 나타날 것입니다. 그러나 이는 저출산 해소를 위한 충분조건은 아닙니다. 소득이 높은 가구에서도 아이를 2명 이상은 낳지 않는 분위기가 나타나고 있으니까요.

서유럽 복지국가에서도 저출산 경향이 나타나고 있는데요. 이들의 경우 각 문제를 해소하기 위해 정책만으로도 반등할 수 있습니다. 다만 우리는 충분한 복지와 인식이 마련되지 않은 상황이라 성평등, 가족 중심적 사회 분위기 등 큰 틀의 변화가 필요합니다.

'사회적 돌봄 체계 마련', '가족 친화적 경영' 투 트랙으로 가야 한다고 생각합니다. '사회적 돌봄 체계 마련'은 저출산만을 위해서가 아니더라도 필요한데요. 주거를 지원하는 등 사회보장 제도의 확대를 통해 비용 부담을 덜어주면 출산율이 올라갈 것입니다. 또한 일과 가정의 양립을 위해 기업의 가족 친화적 경영도 함께 가야 합니다. 그러나 이는 기업의 해야 하는 일이기 때문에 달성이 어려울 수 있습니다.

문답 속 일문일답 ⑥

김중백 경희대학교 사회학과 교수

Q 높은 교육비 때문에 젊은 층이 결혼과 출산을 피한다는 분석이 나옵니다.

A 맞는 말입니다. 그러나 만약 소득이 늘어나면 아이를 낳을 것인지를 생각해 보면 꼭 이것 때문에 자녀를 낳지 않는다고는 할 수 없습니다. 결국 안정성에 대한 문제입니다. 거주가 안정되어야만 한다는 연구들이 많이 나옵니다. 거주와 직장은 뗄 수 없으니, 거주를 안정시키려고 하면 어쩔 수 없이 수도권 집중 문제가 생길 것입니다. 좋은 직장이 지방으로 분산되면 좋겠지만 단기간에 해결될 수 없으니까요.

예를 들어 전체 인구 중 20%가 수도권에 산다고 치면, 아이를 낳을 수 있는 수도권 연령 비율은 40%를 훌쩍 넘길 것입니다. 지방에서 아무리 애를 낳아도 수도권에서 낳지 않으면 해결되지 않는 것이지요. 수도권에 더 많은 젊은 세대가 들어설 수 있는 주거 공간을 만드는 등 밀어붙여야 합니다. 저출산을 먼저 해결할 것이냐, 지방 소멸을 먼저 해결할 것이냐, 정답은 없지만 정부가 우선순위를 세워야 하겠죠. 동시에 해결되지 않는 문제기 때문에 더 중요한 목적을 관철하고 그다음을 달성해야 합니다.

사교육 낯선 스웨덴·프랑스…한국은 참여율 2위

싱글 대디로 아이를 키우는 니클라스 뢰프그렌(Niklas Lofgren) 스웨덴 사회보험청 가족 재정 대변인은 "사실 스웨덴엔 사교육이라는 개념이 없습니다. 하교 후 추가로 교육을 받는 사람은 아주 극소수입니다"라고 전했습니다. 일주일에 한 번 자녀를 방과 후 한글학교에 보내는 프랑스 교민 김민철 씨도 "이게 사교육이라면 한글 사교육입니다. 프랑스에는 학원이나 과외 문화가 없습니다"라고 밝혔습니다. 이처럼 스웨덴과 프랑스에서 만난 전문가와 시민들은 사교육 시스템에 대해 낯설다는 태도를 보였는데요. 전문가들은 관련 질문에 비슷한 사례가 없다고 설명했고 거리의 시민들 역시 사교육을 해본 적도, 할 계획도 없다고 답했습니다.

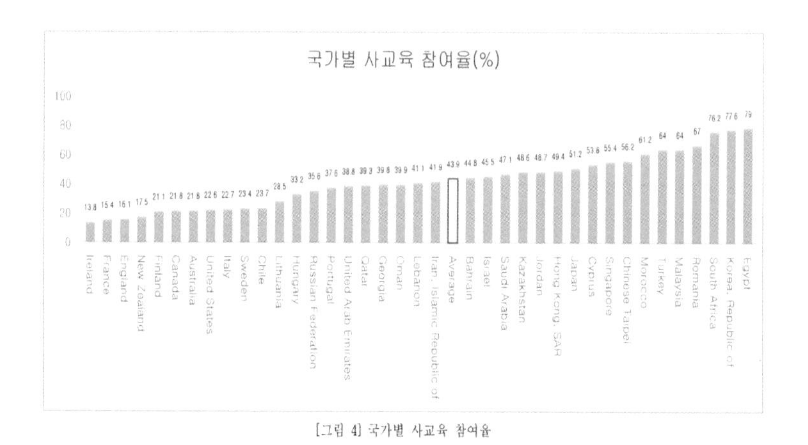

[그림 4] 국가별 사교육 참여율

2019 TIMSS 국가별 사교육 참여율. ⓒ〈사교육 활용의 국가적 차이에 영향을 미치는 요인 분석〉 논문

2019년 TIMSS(수학·과학 성취도 추이 변화 국제 비교 연구) 조사에 따르면 스웨덴과 프랑스의 사교육 참여율은 각각 23.4%, 15.4%로 평균 참여율(43.9%)보다 한참 낮았습니다. 반면 한국의 사교육 참여율은 77.6%. 우리나라보다 높은 나라는 이집트(79%) 단 한 곳이었습니다. 사교육 참여율이 높은 국가는 'GDP 대비 공교육 투자 비율'과 '1인당 GDP'가 낮은 특징을 보였는데요. 이는 부실한 공교육의 보충 전략으로 사교육을 활용하기 때문입니다. 사교육 참여율이 70%대인 이집트의 1인당 GDP는 2022년 기준 4,295달러(약 567만 원), 남아공은 6,776달러(약 894만 원)로 3만 2,409달러(약 4,280만 원)인 한국보다 훨씬 낮습니다.

한국 외에도 1인당 GDP와 사교육 참여율이 모두 높은 국가들이 있었습니다. 일본, 대만, 홍콩, 싱가포르 등 대부분 경쟁이 치열하고 직업 간 소득불균형이 심한 동아시아 국가였습니다. 해당 국가들은 사교육을 강화전략으로 사용했습니다. 더 높은 성적을 위해 사교육을 받는다는 의미입니다. 이는 교육을 통해 계층의 재생산을 꾀하고 지위 경쟁과 불안 등을 방어하기 위함으로 해석됩니다. 한국(2022년 합계출산율 0.78명), 일본(1.26명), 대만(0.87명), 싱가포르(1.04명)는 대표적인 저출산 국가이기도 합니다.

사교육 참여율이 20% 안팎에 불과한 스웨덴, 프랑스 등은 GDP 대비 공교육 투자 비율이 높고 소득 불평등이 낮다는 특징을 가지고 있습니다. 과도한 경쟁 없이도 안정적 삶을 살 수 있으니 사교육이 필수적이지 않은 것이죠. 그렇다면 이 국가들은 사교육비 지출의 또 다른 원인으로 지목되는 '돌봄 공백'을 어떻게 해결하고 있을까요?

두 딸의 엄마 앤 조피 뒤벤더(Ann-Zofie Duvander) 스톡홀름대학교 사회학과 교수는 "스웨덴 어린이집은 아침 6시 반부터 저녁 6시까지 운영하도록 제정돼 있고 보육이 필요한 부모가 있다면 일찍 닫을 수 없습니다"라고 설명했습니다. 야간근무 직종과 부모의 피치 못한 사정을 고려한 것입니다. 어린이집 비용 또한 낮습니다. 부모가 지불하는 보육비는 실제 비용의 10% 수준이고 나머지는 지자체의 세금으로 지원합니다. 모든 부모와 아이가 보육 서비스를 받을 수 있어야 한다는 이념으로 보육비는 소득에 기반해 책정되며, 상한선이 있어 최대 비용은 아동수당 액수와 비슷하죠.

스웨덴은 어린 자녀가 있는 경우 주 40시간 법정 근로 시간을 주 35시간으로 줄이는 것이 일반적이라고 하는데요. 단축근무를 하는 직원을 배려해 직원들끼리 일종의 규칙을 만드는 일도 당연하다고 합니다. 뒤벤더 교수는 "예를 들어 스톡홀름대학교에서는 오후 3시 이후엔 회의하지 않습니다"라고 설명했습니다. 기업이 일과 육아를 병행할 수 있도록 추가 혜택을 마련하는 일도 흔합니다. 스웨덴의 기업들은 인재 영입을 위해 회사가 얼마나 가족 친화적인지를 내세우고, 심지어 협약을 통해 근로자에 법정 상한선보다 많은 육아휴직 수당을 제공하곤 합니다.

프랑스 역시 일하는 부모를 위한 유연 근무가 정착되어 있습니다. 올리비에 코르보베쓰(Olivier Corbobesse) 프랑스 가족 수당 기금(CAF) 국제관계 담당자는 "예를 들어 프랑스 엄마들은 수요일을 제외한 주 4일 근무를 택합니다"라고 밝혔는데요. 프랑스 유치원과 초등학교는 수요일엔 오전 수업만 진행하기 때문입니다. 다만 유치원 교사 인력난을 겪는 프랑스에서도 돌봄 공백은 중요하게 논의되고 있습니다. 코르보베쓰 씨는 "아이를 돌볼 사람이 없어 일자리를 구하지 못하는 여성이 약 18만 명에 달합니다"라며 "돌봄 시설 확충이 곧 출산율 제고를 위한 투자임과 동시에 고용을 위한 정책입니다"라고 밝혔습니다.

문답 속 일문일답 ⑦

앤 조피 뒤벤더(Ann-Zofie Duvander)
스톡홀름대학교 사회학과 교수

Q 교수님께서는 자녀를 어떻게 교육했나요?

A 저는 두 명의 딸이 있습니다. 현재 스무 살, 스물두 살입니다. 아이들이 어렸을 적 우리는 스톡홀름에 거주하고 있었습니다. 아이들은 14~16개월이 됐을 무렵부터 어린이집에 다녔죠. 2000년도에는 어린이집 자리가 부족했는데요. 원하는 원에 자리가 생겨 기뻐하던 기억이 선명합니다.

스웨덴에서는 어느 고등학교에 입할할지 선택할 수 있는데요. 스톡홀름은 원하는 학교에 가기 위해 긴 통학 시간을 견뎌야 하는 문제가 있습니다. 제 딸들은 집과 가깝고 평이 좋은 공립학교에 입학했고 저도 매우 만족했습니다. 스웨덴은 지자체에서 운영하는 공립학교의 수준이 사립학교보다 높습니다.

지금 딸들은 룬드대학교에 재학 중입니다. 물론 모든 학비는 무료입니다. 스웨덴은 다른 유럽 국가들과 달리 부모가 자식의 대학교 학비를 대지 않습니다. 독일의 경우 학비는 무료지만 부모가 자녀의 생활비를 지급하는데요. 우리 아이들은 학자금 대출 등을 통해 생활비 등을 스스로 책임지고 있습니다. 스웨덴에서는 고등학교를 졸업한 이후부터는 보통 경제적 자립을 합니다. 부모가 출산하고 자녀를 양육하는데 부담이 덜어지는 것이지요.

Q 한국 사회 저출산에 어떤 해법 필요할 거로 생각하시나요?

A 장기적으로 바라봐야 합니다. 변화도 아주 점진적으로 이뤄져야 하고요. 지금까지와 다른 방향으로 가야 한다면 더욱 시간이 걸릴 것입니다. 그러므로 인내심을 가져야 합니다. 여러 정책이 하나의 큰 주제로 통합되어야 한다는 점도 이해해야 하고요. 예를 들어 가족정책은 노동시장에 대한 정책과 함께 조화를 이뤄야 효과가 있을 것이고 제대로 작동할 것입니다. 모든 것이 서로 연계되어 있으니까요.

문답 속 일문일답 ⑧

니클라스 뢰프그렌(Niklas Lofgren)
스웨덴 사회보험청 가족 재정 대변

Q 한국은 교육열이 높은 나라입니다. 일부 전문가들은 현금성 지원을 확대했을 때 이를 사교육비로 지출할까 우려하기도 합니다. 스웨덴에도 비슷한 사교육 열기를 찾아볼 수 있나요?

A 스웨덴의 교육 수준에 관한 질문에 답변을 드리기 어렵습니다. 하지만 사립학교나 방과 후 수업, 학원은 스웨덴에서 흔치 않습니다. 낮에는 학교에 다니고 그 이후에 추가로 교육받는 사람은 아주 소수입니다. 스웨덴 학교 수준은 유럽 평균이라고 할 수 있습니다. 유럽 최고도 아니지만 유럽 최악도 아닙니다.

육아 휴직 수당 등을 사교육에 쓴다는 개념은 사실 이해하기 어렵습니다. 왜냐하면 육아휴직을 하고 집에 있게 된다면 수입의 100%가 아닌 일부만을 받게 되기 때문입니다. 그러므로 그 금액을 학원과 같은 사교육에 사용하는 것이 아니라 음식이나 임대료 등에 사용하게 될 것입니다. 만약 생활비를 다 감당할 수 있다면 차이가 있을 수 있겠습니다만 사실 스웨덴은 사교육이라는 개념이 없습니다.

Q 스웨덴에도 '돌봄 공백'이 있나요?

A 스웨덴은 유연한 노동, 사회적인 돌봄 체계가 마련되어 있습니다. 예를 들어, 어린이집에서 아이가 아파 하원해야 한다는 연락이 오면 부모는 당장 일터를 떠나 아이를 데리러 갑니다. 퇴근할 수 있는 권리가 있기 때문입니다. 또한 아픈 아이를 위해 병간호 휴가를 신청하면 복직할 때까지 월급의 80%를 지원해 줍니다. 이는 법적으로 보호되는 노동자의 권리이기에 고용주는 이를 거절할 수 없습니다. 아이들 보육 문제는 가족 경제 정책 중 가장 중요한 부분입니다. 스웨덴의 보육 시스템은 어린이집이 모두에게 제공되어야 한다는 이념이 있습니다. 모두가 일과 가정을 병행할 수 있고 시스템의 도움을 받을 수 있어야 합니다.

Q 한국은 가족 친화적 경영이 아직 화두에 오르지 못한 상태입니다. 스웨덴은 어떤 당근과 채찍으로 가족 친화적 기업을 만들었나요?

A 기업들이 최고의 인재를 고용하고자 한다면, 여성을 고려해야 합니다. 스웨덴의 경우 젊은 남성들보다 여성들의 학업성취도가 더 높습니다. 그러므로 회사들은 모두를 수용할 수 있도록 가정 친화적으로 바뀌어야 하는 것이죠.

스웨덴의 많은 젊은이가 직장을 고려할 때 꼭 확인하는 것이 해당 기업에서 육아휴직을 사용할 수 있는지입니다. 이것은 기업에 일종의 투자로 볼 수 있는데, 육아휴직을 쓰고 돌아온 직원들은 더 나은 리더나 더 나은 매니저가 되어 돌아올 것이기 때문입니다. 집에서 어린아이를 키운다는 것은 쉽지 않은 일이니, 이를 아주 가치 있는 시간으로 받아들여야 하죠.

또한 육아휴직 사용을 보호하기 위한 법, 육아휴직 수당, 그리고 차별금지법 같은 것들이 갖춰져야 합니다. 만약 육아휴직 사용으로 직원을 차별한다면 벌금 또는 소송에 처할 수 있습니다.

직장의 관리자들도 솔선수범해 육아휴직을 사용하는 것도 중요합니다. 규정상으로 가능하다고 말하는 것과 실제 사용할 수 있다고 느끼게 하는 것은 다르니까요.

이것이 회사가 나아가야 할 방향이며, 국가는 사회의 규범을 바뀌도록 도움을 줘야 합니다.

'노인 비율 18.4%' 우리나라는 고령사회가 아닐까요?

답 08.

"한국의 대다수 단체와 기관에서는 총인구에 65세 이상 인구가 차지하는 비율에 따라 UN에서 제시하는 분류 기준을 나누고 있지만, 학계에서는 해당 근거가 부족하다는 목소리가 나오고 있어 대한민국 고령사회 분류는 여전히 논쟁 중입니다."

아이는 줄어드는데 노인은 무서운 속도로 늘어갑니다. 대한민국이 빠르게 늙어가고 있습니다. 저출산과 맞물린 문제는 고령화입니다. 노인 인구가 늘고 있는데 출산율이 받쳐주지 않으니, 사회의 노령화가 불가피한 현실입니다.

통계청의 〈장래인구추계(2022~2072년)〉에 따르면 국내 총인구는 지난해 기준 5,167만 명에서 내년까지 5,175만 명 수준으로 증가한 후 지속해서 감소해 2030년 5,131만 명, 2072년에는 3,622만 명을 예상합니다. 이 중 만 65세 이상 고령인구는 2072년 1,727만 명에

이를 것으로 보입니다.

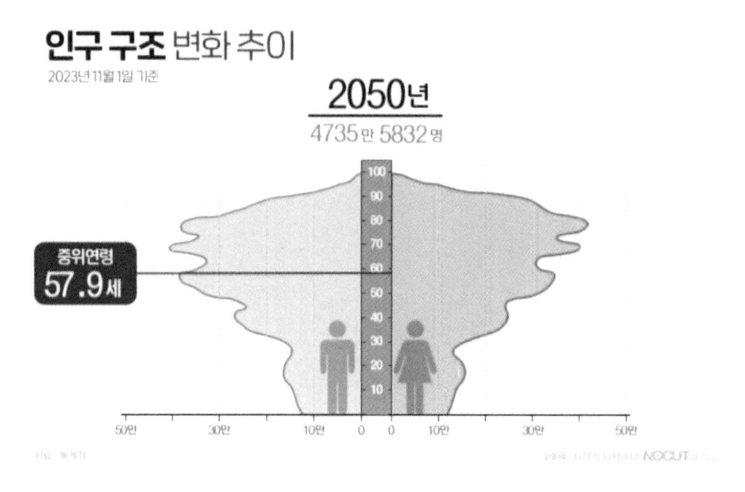

통계청 자료를 바탕으로 한 인구구조 변화 추이. ©노컷뉴스

더 큰 문제는 나날이 가속화되고 있는 고령화와 초저출산 영향으로 생산 연령 인구(15~64세)가 급감하고 있다는 사실입니다. 생산 연령 인구는 2022년 71.1%(3,674만 명)에서 2072년 45.8%(1,658만 명)로 줄어들 전망입니다. 이는 일할 수 있는 생산 연령 인구가 줄어들고 고령인구가 급증하면서 노동 공급이 줄어 성장률이 떨어진다는 의미입니다.

한국개발연구원(KDI)은 저출산에 따른 인구 감소와 고령화로 인해 2050년 한국의 경제 성장이 멈출 것이라고 예상했습니다. 저출산은 인구가 감소하는 원인 중 하나이며 인구 감소는 고령화를 가속하는 원인이 되는데, 이는 전체 인구 중의 65세 이상 노인 비율인 고령화율은 사실 저출산으로 인해 65세 미만 인구가 줄기 때문에 그 비율이 높아지는 까닭입니다.

박정호 KDI 경제정보센터 전문연구원은 "65세 이상의 인구를 고령인구라고 부릅니다. 이러한 인구 구분 기준을 바탕으로 국제연합(UN)은 고령화사회·고령사회·초고령사회를 구분하는 기준을 제시하였습니다"라고 봤습니다.

"UN에 따르면, 65세 이상 인구가 전체 인구에서 차지하는 비율이 7% 이상이면 해당 국가를 고령화사회로 분류하며 65세 이상 인구가 전체에서 차지하는 비율이 14% 이상이면 고령사회, 다시 20% 이상까지 올라가면 해당 국가를 후기고령사회 또는 초고령사회로 구분하고 있습니다"라는 것입니다.

그는 "이러한 UN의 분류체계는 국가마다 놓인 특수성으로 인해 모든 국가에 적합한 분류 기준이라고 말할 수는 없을 것입니다. 하지만 많은 국가에서 UN의 분류 기준을 표준으로 삼아 쓰는 이유는 자신들이 처한 상황과 주변 국가와의 비교가 용이하기 때문입니다"라고 설명했습니다.

UN이 이처럼 고령화를 진단하는 세부 분류 기준까지 제시하며 관심을 보이는 이유는 무엇일까요. 고령화 문제가 비단 우리나라만 직면한 문제가 아니라 전 지구적인 문제이기 때문이며 이러한 전 지구적 고령화 추세는 의료기술 발달로 인해 기대수명이 연장되었으나 출산율은 둔화한 데서 원인을 찾을 수 있다고 박 연구원은 지적했습니다.

한국의 대다수 단체와 기관에서는 총인구에 65세 이상 인구가 차지하는 비율에 따라 UN에서 제시하는 분류 기준을 나누고 있지만 일각에서 해당 분류에 대한 근거가 부족하다는 목소리도 나오고 있습니다.

고령·고령화·초고령사회 등의 용어를 명확히 구분해서 사용해야 한다는 주장과 이 같은 고령화사회 분류는 일본과 한국을 제외, 국제 학술적으로나 국제연합(UN) 기구에서도 전혀 사용하지 않았다는 의견이 엇갈리는 상황입니다.

□ 국제비교: 2. OECD 주요 국가의 고령사회 및 초고령사회 도달연도 및 소요연수

(단위: 년)

	65세 이상 인구 비중 도달연도				고령사회 도달 소요연수 (7% → 14%)	초고령사회 도달 소요연수 (14% → 20%)	20% → 30% 도달 소요연수
	7%[1] 고령화사회	14% 고령사회	20% 초고령사회	30%			
호주	1939	2012	2033	2081	73	21	48
오스트리아	1929	1970	2023	2049	41	53	26
벨기에[2]	1925	1976	2023	2070	51	47	47
캐나다	1945	2010	2024	2076	65	14	52
칠레	1995	2025	2037	2058	30	12	21
대한민국	**2000**	**2018**	**2025**	**2035**	**18**	**7**	**10**
슬로바키아	1961	2015	2030	2053	54	15	23
슬로베니아	-	2001	2020	2044	-	19	24
스페인	1947	1992	2022	2039	45	30	17
스웨덴	1887	1972	2020	2078	85	48	58
스위스	1931	1985	2024	2054	54	39	30
튀르키예	2015	2035	2048	2080	20	13	32
영국	1929	1975	2025	2073	46	50	48
미국	1942	2014	2029	2093	72	15	64

자료: UN 「World Population Prospects 2022」, 통계청 「장래인구추계: 2020-2070년」, 일본국립사회보장·인구사회문제 연구소, 「인구통계자료집(2022)」

주: 1) 65세 이상 인구 7%가 1950년 이전에 도달한 경우, 일본 「국립사회보장·인구사회문제 연구소」 자료를 참조하여 작성하였고, 자료가 없는 경우 '-' 표기

2) 65세 이상 인구 비중이 최초로 7%, 14%, 20%에 도달한 시점으로 산정

〈2023 고령자 통계〉 82P _국제 비교:

2. OECD 주요 국가의 고령사회 및 초고령사회 도달 연도 및 소요 연수. ⓒ통계청 제공

2025년 초고령사회 진입 전망… "UN 가이드 기준 따른다"는 통계청

통계청에서 발표한 〈2023 고령자 통계〉에 따른 고령인구 비중 추이를 보면, 2010년 65세 이상이 우리나라 인구의 10.8%에 머물렀고 2020년 15.7%로 증가한 데 이어 2025년에는 20.6%로 우리나라가 초고령사회로 진입할 것으로 전망되고 있다고 발표했습니다.

이후에도 2035년 30.1%, 2040년 34.4%, 2050년 40.1%, 2060년 43.8%, 2070년 46.4%로 50%에 육박하는 수준까지 도달할 것으로 전망되고 있습니다. 50년 뒤 국민 절반 가까이가 고령 인구인 셈입니다.

통계청에 따르면 유엔 기준 65세 이상을 노인으로 규정하고 노인 인구가 전체 인구에서 차지하는 비율이 7% 이상이면 고령화사회, 14% 이상이면 고령사회, 20% 이상이면 초고령사회로 분류로 나누고 있습니다. 이와 관련해 통계청 관계자들과 이야기를 나누어봤습니다.

문답 속 일문일답 ①

박순옥 통계청 사회통계기획과 사무관

Q 총 인구에 65세 이상 인구가 차지하는 비율에 따라 고령화사회 분류를 지정한 이유는 뭘까요?

A UN 공식적인 가이드 기준을 토대로 인구 통계를 작성한 부분이 있습니다. 통계 작성 시 통계청 내 자료와 그 외 수집한 여러 자료를 참고하고 있으며 일본 인구 통계에서도 해당 부분이 언급된 바 있고, 국제기구들에서도 이 기준을 사용하고 있습니다.

문답 속 일문일답 ②

유수덕 통계청 인구동향과 서기관

Q 통계청에 따른 고령화사회 분류 기준인 7%, 14%, 20% 수치는 근거가 있나요?

A 일반적으로 고령자 인구가 7%를 넘어 계속 증가하는 사회를 고령화사회라고 지칭하고 있습니다. 그 외 분류인 14% 이상이면 고령사회, 20% 이상이면 초고령사회는 국제연합·일본 학계에서 발표한 자료 등에 따라 기준이 정해진 것으로 알고 있습니다.

"7-14-20% 숫자 분류 비논리적…
기준 명확하지 않아"

하지만 일각에서는 일본과 한국 외 어느 나라에서도 국제 학술적으로나 UN 기구에서도 전혀 사용하지 않은 고령화사회 분류를 쓰고 있는 것은 문제라고 지적이 나옵니다.

최성재 서울대학교 사회복지학과 명예교수는 〈UN 경제사회이사회 보고서(population studies)〉 26호 7P 연구지 내용에서 고령화 분류로 언급한 부분을 제시하며 "UN 연구보고서에서는 단지 임의로 65세 이상 노인 인구 7% 이상을 고령인구(aged population)라고 했을 뿐인데 왜 이것이 7-14-20% 기준의 고령화사회의 분류로 둔갑한 것인지 알 수 없습니다"라고 지적했습니다.

이상림 한국보건사회연구원 연구위원도 같은 의견을 냈습니다. 이 연구위원은 "국제연합에 따르면 노인 인구 7% 이상은 고령자 고용이 사회 전반적으로 연착륙했다는 에이징 소사이어티, 14% 이상은 고령사회, 20% 초고령사회로 지칭하는 말들은 거짓말입니다. UN에서 공식 발표를 한 적이 없고, 일본에서 오독해서 나온 숫자입니다"라고 주장했습니다. 이어 "정부기관에서도 UN에 따르면 이라는 규정을 사용하는데, 이는 우리나라랑 일본에서만 쓰고 있는 괴담이며 잘못된 이해가 퍼지면서 생긴 숫자 기준입니다"라고 밝혔습니다.

---

if populations were to be arbitrarily defined as "young" if age of 64, as "mature" when this percentage is between 4 and 7, and as "aged" when it exceeds 7 percent, it would appear that an overwhelming proportion of world populations may be regarded as "young" or "mature", and only a very small proportion as "aged".

임의로 64세인 인구를 "젊음"으로, 이 비율이 4%에서 7% 사이면 "성숙함"으로, 그리고 7%를 초과하는 경우 "고령"으로 정의한다면, 세계 인구의 압도적인 비율이 "젊음" 또는 "성숙함"으로 간주하고 매우 적은 비율만이 "고령"으로 간주할 수 있습니다.

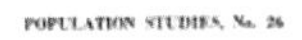
POPULATION STUDIES, No. 26

THE AGING OF POPULATIONS
AND ITS
ECONOMIC AND SOCIAL
IMPLICATIONS

UNITED NATIONS
Department of Economic and Social Affairs
New York, 1956

Chapter I

TRENDS AND DIFFERENTIALS IN THE AGING OF POPULATIONS

ⓒUN 경제사회이사회 보고서 (population studies, 26호)

문답 속 일문일답 ③

최성재 서울대학교 사회복지학과 명예교수

Q 고령화사회 분류를 나누는 기준에 대해 통계청 측은 UN·일본 학계에서 발표한 자료 등에 근거한다고 설명했는데요. 이에 대해 어떻게 생각하시는지요.

A 일본과 한국 외 어느 나라에도 국제 학술적으로나 UN 기구에서도 전혀 사용하지 않은 고령화사회, 고령사회, 초고령사회 분류를 사용하고 있는 것은 문제입니다. 65세 이상 인구가 7%, 14%, 20%가 되었을 때 그 나라에 어떤 경제-사회적 변화가 나타났는지에 대한 역사적 및 사실적 통계적 연구도 전혀 없습니다. UN이 분류했다는 이 분류를 사용한 지도 57년이 되었는데 노인 인구가 해당 비율에 이른 국가에서 어떤 공통 경제-사회적 변화가 나타났는지에 대한 연구는 한편도 발견하지 못했습니다.

우리나라 학계에서조차도 UN이 분류하지 않았다는 사실을 알고 있는 사람이 거의 없고, 아무런 확인 없이 그냥 일본에서 주장한 바를 그대로 받아들이고 있습니다. 저의 저서와 여러 번의 학계 및 정부 관계자에게 지적한 점은 있었으나 별 반응이 없습니다.

Q 고령화사회의 분류에 따른 정보가 불확실하다는 근거 자료가 있을까요?

A 2009년 일본 내각부 발간의 〈고령사회 백서〉에서도 UN이 분류했다는 그 분류가 불확실하다고 하였습니다. UN 연구보고서에서는 단지 '임의로' 65세 이상 노인 인구 7% 이상을 고령인구(aged population)라고 했을 뿐인데 왜 이것이 7-14-20% 기준의 고령화사회 분류로 둔갑한 것인지 알 수 없습니다.

해당 수치가 나름대로 의미가 전혀 없는 것은 아닙니다. 다만 노인 인구 비율이 높아진다는 의미에서입니다. 노인 인구 비율이 높아지는 것을 알려면 굳이 고령화사회-고령사회-초고령사회라는 분류를 쓰지 않고 정확히 비율 수치만 제시하면 됩니다.

학술적으로는 비율 제시로 노인 인구 비율의 증가를 이야기하고 있습니다.

예측이 맞을 수도 있고 틀릴 수도 있지만 그래도 어느 정도는 맞아야 하는데, 그런 분류만 했을 뿐이지 이를 뒷받침하는 논리적 및 사실적 근거가 전혀 없습니다. 숫자 체계도 논리성이 부족합니다. 왜 21%가 아니고 20%일까요? UN 경제사회이사회 보고서에서는 해당 비율을 노인 인구 분류체계의 기준으로 삼지 않았습니다.

문답 속 일문일답 ④

외교통상부 유엔과 인권사회과 관계자

Q 통계청에 따르면 UN 기준 65세 이상을 노인으로 규정하고 노인 인구가 전체 인구에서 차지하는 비율에 따라 분류하고 있습니다. 반면, UN 기구에서도 전혀 사용하지 않은 고령화사회 분류를 사용하고 있는 것은 문제라는 지적도 있습니다. 해당 내용과 관련해 UN 측에서 공식적으로 발표한 사실이 있나요?

A 많은 곳에서 고령화사회 분류 기준에 대해 UN을 근거로 두고 있지만, 명확하게 어떤 결의안으로부터 시작이 된 것인지 현재까지 확인이 어렵습니다.

Q 정확한 확인이 어려운 상황에도 많은 기관이나 단체들이 UN을 인용하는 부분에 대해 입장이 있을까요?

A UN에서 직접 인용하는 부분이 아닌 각 기관에서 사용하는 부분이라 저희 쪽에서 입장을 발표할 이유는 없습니다.

“프랑스, 65세↑ 20~22% 고령화사회”… “나라 상황 따라 분류 기준 달라”

고령화 분류를 나누는 기준은 나라의 상황에 따라 각각 상이한 것으로 확인됐으며 한국과 달리 일찍이 고령화사회에 진입했으나 위험을 슬기롭게 헤쳐 나간 모범 국가에서는 노인 분류에 따른 연구와 정책을 활발하게 진행하고 있었습니다.

문답 속 일문일답 ⑤

로랑 툴르몽(Laurent Toulemon)
프랑스 국립 인구통계학연구소(INED) 책임연구원

Q 한국의 심각한 출산율과 맞물리는 문제로 고령화를 꼽을 수 있는데요. 고령화 이해와 대응 노력은 저출산 해법의 열쇠가 된다고 생각합니다. 프랑스는 어떻게 고령화사회 분류를 하고 있나요?

A 고령화는 수명이 연장된다는 의미이기 때문에 좋은 뉴스입니다. 프랑스 같은 경우 65세 이상의 인구가 20~22%가 되면 고령화사회라고 판단합니다. 지금 프랑스는 21% 정도 되기 때문에 고령화사회에 들어갔다고 할 수 있습니다. 노인 비율에 따라 국가가 은퇴나 연금 관련된 정책을 펼치고 있습니다.

문답 속 일문일답 ⑥

앤 조피 뒤벤더(Ann-Zofie Duvander)
스톡홀름대학교 사회학과 교수

Q 스웨덴은 어떻게 고령사회를 분류하나요?

A 고령화사회를 분류하는 방법에는 여러 가지가 있을 것으로 생각합니다. 이는 스웨덴에서 출산율이 일정하게 유지되지 않았던 기간이 있었기 때문입니다. 고령인구의 수가 높지 않았던 때도 있지만 지금은 40년대의 높은 출산율로 인해 돌봄이 필요한 고령인구의 수가 점점 늘어가는 추세입니다.

Q 고령화 시대에 스웨덴이 직면한 문제점은 무엇인가요?

A 노인 요양 및 케어는 최근 우리가 직면하고 있는 사회적 문제이고 스웨덴 정치계에서 대두되는 문제 중 하나입니다. 그 이유는 노인 돌봄을 어떻게 제공할 것인지, 어떻게 조직화할 것인지, 또 건강보험과 어떻게 구분할 것인지 같은 문제들이 끊임없이 발생하고 있기 때문입니다.

그렇기에 스웨덴은 노인 돌봄에 대해서는 바람직한 롤모델이 될 수 없다고 생각합니다. 스웨덴은 민영화가 많이 진행되었고 그로 인해 조직화에 어려움이 있습니다. 스웨덴 또한 노인 돌봄과 관련해서는 도움이 필요한 상태입니다. 그와는 별개로 연금 시스템은 오랜 시간 일관성 있게 잘 운영이 되고 있습니다.

노인 돌봄에 관한 문제는 언론에서도 계속해서 다루어지고 있고 사회적 큰 문제입니다. 많은 비판의 목소리가 있지만 아직은 이 문제에 대한 답을 찾지 못하였고 정치적 이슈로 계속해서 논의 및 언급되고 있습니다.

문답 속 일문일답 ⑦

게르다 네이어(Gerda Neyer)
스톡홀름대학교 사회학과 연구원

Q 고령인구 증가에 따른 노인 돌봄 문제는 저출산 문제를 가속하는 원인이 된다고 보고 계시나요?

A 사실 많은 국가에서는 가족, 즉 여성이 가정의 노인들을 케어해야 합니다. 또 집안의 어른들뿐만 아니라 아이도 양육해야 하는 상황이죠. 여성들의 출산 시기는 점점 늦어지고 노인들의 수명이 늘어나고 있어 양쪽을 모두 돌봐야 하는 샌드위치 위치에 처하게 됩니다.

이렇게 되면 노인과 어린이 돌봄뿐만 아니라 일도 병행해야 하는데, 이것이 어떻게 하면 가능할까요? 다른 많은 국가는 스웨덴과 같은 복지시스템이 갖추어지지 않아, 돌봄의 책임은 가족원들이 지고 있습니다.

다양한 국가들은 동유럽 국가에서 여성들을 데려와서 돌봄의 부재를 해결하려고 하는데, 2주 정도 집에서 거주하게 하며 돌봄을 위탁하기 위해서는 해당 도우미가 함께 거주할 수 있는 집이 필요합니다.

노인 돌봄은 실제로 스웨덴뿐만 아니라 전 세계적인 문제이며 비용이 많이 드는 문제입니다.

"가난으로 굶어 죽는 사람은 없어요"… 스웨덴의 노인은 행복하다

스웨덴 쇼핑 거리에서 만난 세실리아(Cecilia)·토마스(Thomas) 씨. ⓒ노컷뉴스

"스웨덴에서는 가난으로 굶어 죽는 사람은 없어요."

스웨덴 스톡홀름의 갈레리안(Gallerian) 쇼핑 거리에서 만난 세실리아(Cecilia) 씨는 당당하고 자신감 넘치는 모습이었습니다. 72세의 나이에도 투어 가이드 일을 하고 있다는 그는 "곧 제주를 방문합니다"라면서 취재진을 반갑게 맞이해 주었습니다.

그는 스웨덴의 복지시스템에 대해 "부모 세대는 소득만큼 복지를 받았지만, 사실 우리 세대에는 직장 다닐 때 벌었던 소득만큼 받고 있진 않습니다"라고 전했습니다. 다만 "여행 같은 럭셔리를 즐길 수 없는 분들은 있어도, 스웨덴에서 가난으로 굶어 죽는 사람은 없습니다"라고 했습니다.

저출산과 고령화 시대를 함께 살고 있는 스웨덴 국민의 생각은 어떨까요? 세실리아 씨는 "시스템 변화는 아이들을 케어하는 것부터 시작합니다. 모든 사람이 일하고 결혼하고 육아 복지가 충분해야 출산하기 때문입니다. 예를 들어, 우리 아이들은 공공 시스템 안에서 잘 컸기 때문에 아이들을 양육하는 데 돈을 거의 쓰지 않았습니다. 많은 사람이 결혼도 하고 애를 낳는 시스템이 생기려면 어린이 케어가 먼저 시작돼야 합니다"라고 조언했습니다.

보건복지부가 제공한 〈통계로 보는 사회보장 2022〉에 따르면 2022년 기준 한국에서 사회보장(복지) 정책에 쓰인 공공사회지출 규모가 국내총생산(GDP) 대비 14.8%로 잠정 집계됐습니다. 이는 경제협력개발기구(OECD) 회원국들 사이에서 하위권에 속합니다. 이 지표는 OECD 국가 간 비교가 가능한데, 한국은 OECD 평균(21.1%)보다 6.3% 포인트 낮았습니다. 프랑스 31.6%, 독일 26.7%, 스웨덴 23.7%, 미국 22.7%, 2021년 등과 비교하면 격차가 큽니다.

스웨덴 스톡홀름에 거주 중인 76세의 토마스(Thomas) 씨는 건

강한 노후를 보내고 있었습니다. 그는 “아플 때 국가에서 도움을 받을 수 있는 질병 관리 시스템에 만족합니다”라면서 “국가에 많은 세금을 내는 대신 높은 복지 수준을 누리고 있습니다”라고 밝혔습니다.

현재 출산, 국민연금은 32년 뒤 고갈될까요?

답 09.

"출산율이 반등하더라도 현행 국민연금 체계를 유지하면 32년 뒤 적립 기금이 소진되는 것으로 나타났습니다. 다만 보험료율, 수령 나이 등을 개혁하면 달라질 수 있습니다."

국민연금 재정추계 전문위원회가 2055년 국민연금 적립 기금이 바닥날 것이라며 구체적인 시점을 공개했습니다. 이는 2018년 발표한 제4차 재정계산 예상 시점보다 2년 당겨진 것으로, 계산에 따르면 2040년 최고 1,755조 원에 이른 후 급속히 감소해 2055년에 소진됩니다.

그 배경에는 초저출산·초고령화로 인한 인구구조가 악화가 있습니다. 생산인구가 줄고 부양 인구는 늘면서 국민연금 보험료를 납부하는 가입자는 줄고 연금을 받는 수급자는 증가하기 때문이죠. 정부는 연금 개혁과 함께 출산 크레딧 확대 등을 검토하고 있습니다. 사회적 공헌에 보상하자는 취지입니다. 출산율 반등으로 연금 고갈을 막을 수 있을까요?

'세대 간 연대' 국민연금, 저출산 이어지면 재정 악화

이 질문에 답을 하려면 먼저 출산율과 연금의 상관관계를 설명해야 합니다. 내가 낸 보험료를 돌려받는 것인데 저출산은 왜 국민연금 재정에 악영향을 끼칠까요?

공적연금 운용 방식은 크게 적립식과 부과식으로 나뉩니다. 적립식이란 일정 규모의 기금을 쌓아놓고 적립 기금과 운용 수익으로 급여 지급하는 것을, 부과식이란 급여 지급에 필요한 재정을 매달 가입자들의 보험료로 충당하는 것을 의미합니다. 우리나라 국민연금은 부과식과 적립식이 섞인 부분 적립식으로 운용하는데요. 급여 일부분은 적립하고 일부분은 연금 급여로 지출합니다. 그러므로 근로 세대가 은퇴 세대를 부양하는 '세대 간 연대' 구조가 만들어지고 인구구조 악화에 타격을 받게 됩니다.

울레 세테르그렌(Ole Settergren) 스웨덴 연금청 연금분석부장은 "저출산이 장기간 이어지면 연금제도는 결국 적자에 직면하게 되고 연금소득은 줄어들 것입니다"라며 한국의 낮은 출산율을 우려했습니다. 이어 "출산율 반등은 장기적으로 연금에 이롭습니다. 더 많은 수입이 연금제도로 유입되며 재정이 강화될 것입니다"라며 또 다른 재정안정 요인으로 퇴직 연령 상향, 소득대체율 하향, 이민 제도 등을 언급했습니다.

남찬섭 동아대학교 사회복지학과 교수도 "저출산이 이어지면 연금 재정이 악화되는 것은 당연합니다"라며 "출산율을 올리고 2060년~2070년까지 기금을 유지할 수 있는 대책을 마련해야 합니다"라고 강조했습니다. 또한 그는 인구변수를 내생변수로 만들어야 한다고 말합니다. 현재 우리나라는 출산율을 재정계산 바깥의 변수로 보고 있지만, 유럽의 국가들은 출산율을 국가 개입으로 변화시킬 수 있는 모형안의 정책변수로 보고 있습니다. 인구구조 악화로 연금제도가 위기를 맞이한 상황에서 출산율을 강 건너 불구경하듯 주어진 것으로 봐서는 안 된다는 것이죠.

인구수 반등해도 '연금 고갈' 못 막는다?

국민연금이 인구구조에 영향을 받는다는 사실은 자명합니다. 하지만 재정추계 전문위원회는 출산율이 반등해도 고갈을 막지 못하는 것으로 계산했습니다. 지금 태어난 아이가 국민연금에 가입하기까지 20~30년의 시차가 존재하기 때문입니다.

국민연금 재정추계 시나리오

70년 (2023-2093년) 장기추계

인구 시나리오

	수지적자	기금소진	노인부양비* (2093년 기준)	부과방식비용률 (2093년 기준)	GDP대비급여지출 (2093년 기준)
기본가정 (중위중립) (~1.21명)	2041년	2055년 (-47조 원)	92.8%	29.7%	8.8%
① 저위중립(~1.02명)	2041년	2055년 (-132조 원)	112.2	37.6	10.6
② 중위비관	2040년	2055년 (-121조 원)	92.8	32.2	9.6
③ 중위낙관	2042년	2056년 (-259조 원)	92.8	**27.4**	8.0
④ 고위중립(~1.40명)	2041년	2056년 (-209조 원)	**82.2**	**25.2**	7.7
⑤ 초저출산율(0.98명)	2041년	2055년 (-207조 원)	비공개	42.1	11.2
⑥ OECD 평균 출산율 (1.61명)	2041년	2055년 (-14조 원)	비공개	25.3	7.9

*18~64세 인구 대비 65세 이상 인구 비율

국민연금 5차 재정계산위원회의 재정추계 조합 시나리오 ⓒ노컷뉴스

재정추계 전문위원회는 통계청의 장래인구추계에 따라 인구변수를 고위(합계출산율 1.4명)·중위(1.21명)·저위(1.02명)·초저출산(0.98명)·OECD 평균(1.61명)으로 나누고, 경제변수를 낙관·중립·비관으로 조합해 총 6가지 시나리오를 설정했습니다. 위 표에 알 수 있듯 출산율이 크게 올라 OECD 평균치에 이를 것이라는 낙관적인 전망에도 적립금이 소진되는 시점은 2055년으로 계산됐습니다. 초저출산율을 적용한 시뮬레이션에서도 소진 시점은 같았습니다. 출산율 1.21명·경제변수 낙관인 중위 낙관 시나리오와 출산율 1.4명·경제변수 중립인 고위 중립 시나리오를 따를 때도 모두 기금소진

연도를 1년을 늦추는 것에 그쳤습니다.

그러나 저출산이 이어진다면 미래세대의 부담이 커집니다. 초저출산이 이어진다고 가정했을 때 2070년 부과방식 비용률은 기존의 8.6%p 높은 42%로 나타났습니다. 부과방식 비용률이란 보험료 수입만으로 지출을 충당할 때 납부해야 하는 보험료율을 의미하는데요. 초저출산 지속된다면 월 소득 250만 원 직장인은 105만 원의 절반인 52만 원가량을 연금 보험료로 내야 합니다. 나머지 절반은 관련법에 따라 사업자가 지출합니다.

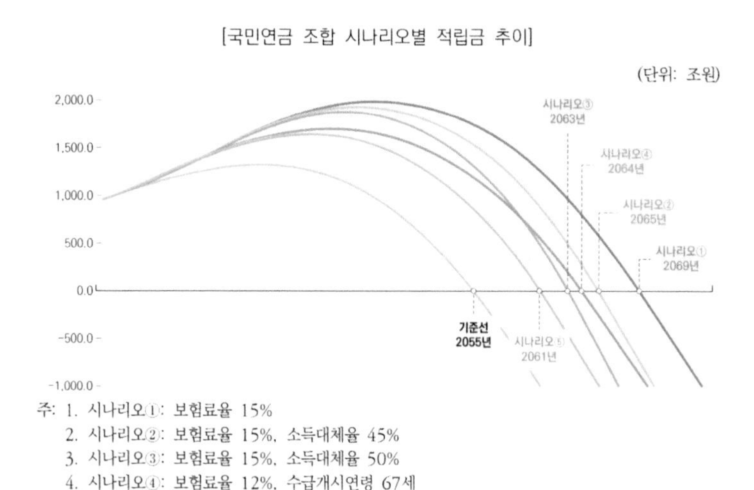

주: 1. 시나리오①: 보험료율 15%
2. 시나리오②: 보험료율 15%, 소득대체율 45%
3. 시나리오③: 보험료율 15%, 소득대체율 50%
4. 시나리오④: 보험료율 12%, 수급개시연령 67세
5. 시나리오⑤: 보험료율 12%, 소득비례연금
6. 전망액은 2023년 불변가격 기준
자료: 국회예산정책처

보험료율, 소득대체율, 수급 개시 연령 등을 조정했을 때의 시나리오

ⓒ국회예산정책처 '공적연금 개혁과 재정 전망'

하지만 재계위의 계산을 액면 그대로 받아들일 필요는 없습니다. 이는 인구·경제변수만을 적용한 것이기 때문이죠. 보험료율, 소득대체율, 수급 개시 연령 등을 세부 조정한다면 달라질 여지가 있습니다. 보험료율은 '내는 돈', 소득대체율은 '받는 돈', 수급 개시 연령은 '연금을 받기 시작하는 나이'를 의미합니다.

이러한 변수들을 적용해 보면 어떤 결과가 나올까요? 국회예산정책처의 〈공적연금 개혁과 재정 전망〉에 따르면 보험료율 인상이 가장 효과적이었습니다. 보험료율 3%p 인상 시 기존 고갈 시점 대비 7년이 늦춰졌습니다. 보험료율을 15%로 상향했을 때는 소득대체율과 수급 개시 연령을 조정하지 않고도 적립금 소진 시점을 14년이나 늦출 수 있었는데요. 15% 상향 때는 소득대체율을 50%까지 올려도 소진 시점을 8년 늦출 것으로 계산되었습니다.

반면, 수급 개시 연령을 1세 상향했을 때와 2세 상향했을 때는 모두 기금소진 시점을 1년 늦추는 것에 그쳤습니다. 소득대체율을 2%p, 3%p 올려 연금을 더 주더라도 기금소진 시점은 모두 1년 빨라지는 것으로 계산됐는데요. 소득대체율과 수급 개시 연령 조정 효과는 장기간에 걸쳐 나타나기 때문이죠.

‘기금 고갈’은 정말 위험할까? 연금 목적은 ‘기금 보전’ 아냐

서울 강남구 신사동 국민연금 서울 남부지역 본부 모습 ©노컷뉴스

지난해 초 한국경제연구원은 ‘이대로 가다간 90년대생부턴 국민연금을 한 푼도 못 받아’라는 보도자료를 냈습니다. 이 같은 내용의 기사가 대대적으로 보도되며 기금 고갈에 대한 국민의 불안이 커졌습니다. 급기야 90년대생 사이에서는 ‘윗세대 부양을 위해 보험료를 냈지만 정작 우리는 못 받는 것 아니냐?’는 볼멘소리가 나오기 시작했죠.

하지만 이러한 우려는 공포 마케팅에 가깝습니다. 먼저, 2055년 기금 고갈 시나리오는 국민연금 제도가 변하지 않는다는 가정하에 인구·경제 변수만을 적용한 것입니다. 즉 정부가 두 손 놓고 연금제도를 방치한다고 가정했을 때의 이야기입니다. 국민연금법 제3조의 2에는 '국가는 이 법에 따른 연금 급여가 안정적·지속적으로 지급되도록 필요한 시책을 수립·시행해야 한다'라고 명시되어 있습니다. 현재 우리나라는 기금소진 시점을 늦추는 연금개혁안을 활발히 논의 중이기 때문에 2055년 기금이 고갈될 가능성은 거의 없습니다.

또, 국민연금에 국고를 투입하는 방법이 있습니다. 현재 우리나라는 OECD 회원국 중 가장 낮은 수준의 재정을 공적연금에 투입하고 있는데요. OECD 〈한눈에 보는 연금 2021〉 보고서에 따르면 2017년 기준 한국 정부가 공적연금에 투입한 재정은 전체 정부 지출의 9.4%에 그쳤습니다. OECD 평균(18.4%)의 절반 수준입니다.

여러 전문가도 국고 투입 방법을 언급하고 있습니다. 김도헌 KDI 재정·사회정책연구부 연구위원은 "매년 GDP의 1%를 국민연금에 투입해 운용한다면 수익이 쌓이며 기금이 커질 것입니다. 그렇게 되면 후세대의 부담을 줄일 수 있을 것입니다"라고 밝혔습니다. 남찬섭 교수도 재정안정을 위해 국고지원이 병행되어야 한다며 "우선 보험료율을 높인 후 성과를 보며 국고지원 비율을 논의해야 할 것입니다"라고 말했죠.

기금 고갈이 실제 일어날 가능성은 작다는 것을 확인했습니다. 그런데 과연 기금 고갈은 국민연금의 존속을 위협할 정도로 위험한 것일까요? 기금이 고갈되더라도 국민연금을 수급 못할 가능성은 거의 없습니다. 부분 적립식인 국민연금을 부과식으로 전환해 연금을 지급하면 되기 때문입니다.

연금 역사가 오래된 유럽 국가들에서는 대부분 부과식을 채택하고 있습니다. 연금 지출이 적은 제도 초기에는 적립식으로 운영했지만, 일정 시기가 지나가며 부과식으로 전환해 운영 중입니다. 독일의 적립 기금은 GDP 대비 1.2%. 약 한 달 치 기금만을 쌓아놓고 운용합니다. 영국 GDP 대비 1.8%, 프랑스는 GDP 대비 6.7% 정도의 기금이 있습니다. 기금 고갈이 곧 연금제도의 붕괴를 의미하는 것은 아니라는 것이죠.

현재 우리나라 연금 기금적립금은 1천조 원에 육박합니다. 연금 도입 35년 만에 GDP 46% 규모로 성장했는데요. GDP 대비 비중은 무려 46%로 OECD국 중 가장 큽니다. 절대적 기금 규모도 세계에서 세 번째로 큽니다. 일본 공적연금(GPIF·1,987조 원)과 노르웨이 국부펀드(GPF·1,588조 원) 다음이죠. 수익률도 결코 낮다고 볼 수 없는데요. 2023년 8월 국민연금의 보도자료에 따르면 6개월 만에 작년 손실(-79.6조 원)을 모두 회복했고 4.4조 원의 추가 수익을 기록했습니다. 같은 해 9월까지 국민연금 기금 수익률은 8.66%로 잠정 집계됐죠.

문답 속 일문일답 ①

남찬섭 동아대학교 사회복지학과 교수

Q 적립 기금이 소진되면 국민연금을 받을 수 없게 되나요?

A 기금이 있어야만 연금을 지급하는 것처럼 말하는데 그렇지 않습니다. 기금이 없으면 연금 지급이 어렵다는 말은 결국 보험료를 올려야 한다는 말인데 추이를 보면 그렇지 않습니다. 독일의 연금 기금은 GDP 대비 1.2% 수준이지만 보험료율은 18.6%고 프랑스는 GDP 대비 6.7%의 기금이 있지만 보험료율은 28%입니다.

중요한 것은 나라가 연금을 지급할 수 있는 경제력을 가질 수 있느냐입니다. 우리나라는 저출산이 지속되고 있지만 미래에 연금을 지급할 수 있는 경제력이 충분합니다. 다행히 우리나라는 기금이 있습니다. 2055년 소진되는 것으로 계산됐지만 이를 60~70년대까지 유지하는 데 전력을 쏟고 출산율을 올리는 대책을 세우면 충분히 가능합니다.

또 그동안 알려지지 않은 사실인데, 우리나라는 연금 재정계산 때 출산율을 모형 바깥에 있는 외생변수로 봅니다. 출산율 자체를 건드릴 수 없고 주어진 것으로 보는 것이죠. 유럽 국가들은 출산율을 그렇게 가정하지 않습니다. 주어진 변수가 아니라 국가가 개입해서 변화할 수 있는 정책변수로 간주하죠. 우리나라는 저출산의 현실을 알면서도 재정계산 때는 그것을 고려하지 않고 출산율이 1.2% 갈 것이라고 봅니다. 이건 비현실적인 가정입니다. 강 건너 불구경하듯 어쩔 수 없다고 여기면 안 됩니다. 출산율도 정책 변수화해서 재정추계의 내생변수로 만들어야 합니다. 그렇게 출산율을 올리고 재정 악화를 멈추려는 노력을 위해 최선을 다해야 합니다.

조규홍 보건복지부 장관. ©노컷뉴스

내가 낸 보험료를 돌려받는 방식으로 세대 간 소득 이전을 끊으면 어떨까요? 지난해 10월 정부 여당은 국민연금을 현행 확정급여형(DB형)에서 확정기여형(DC형)으로 전환하는 안을 띄웠습니다. 이와 함께 부과식에서 적립식으로의 전환도 언급했습니다. 일반적으로 DB형과 DC형 앞에는 '낸 것보다 많이 받는' DB형, '낸 만큼 돌려받는' DC형이라는 수식어가 붙습니다. 틀린 말은 아니지만 수급자 관점에서 더 적절한 표현은 누가 손실을 보느냐입니다.

우리나라가 채택 중인 DB형은 근로자의 소득 이력과 연령 등을 바탕으로 연금액을 약속하는 방식입니다. 경제 상황이 안 좋거나 수익률 변동이 있더라도 손실이 수급자에 가지 않죠. 반면, DC형은 개인이 낸 보험료에 운용 이자를 지급하는 방식입니다. 손실위험을 개인이 부담합니다.

남 교수는 DC형 전환안에 대해 연금 민영화나 다름없다고 말합니다. 1994년 세계은행이 연금 민영화를 주장하며 사적연금 개념인 DC형을 처음으로 공적연금에 쓰기 시작했다는 설명인데요. 동유럽과 중남미의 많은 국가가 세계은행의 다층연금제도 제안에 따라 적립식으로 전환했다가 다시 부과식 공적연금으로 재공영화한 바 있습니다. 막대한 전환비용도 문제입니다. 현행 부분 적립식은 근로 세대에 걷은 돈 일부를 연금 세대 지급에 사용합니다. 특정 시점부터 근로 세대의 보험료를 쌓기만 한다고 가정하면, 적립과 연금 세대 급여 지급이라는 이중 부담이 발생하는 것이죠.

남 교수는 "공적연금의 목적은 퇴직 세대의 생활이지 낸 만큼 받게 하는 것이 아닙니다"라며 사회보장제도인 국민연금의 존재 이유를 강조했습니다.

문답 속 일문일답 ②

남찬섭 동아대학교 사회복지학과 교수

Q 부과식에서 적립식으로의 전환을 어떻게 생각하시나요?

A 90년대 중반 미국이 적립식으로 전환하려다 전환비용 문제로 포기했습니다. 스웨덴은 돈을 쌓을 수 없으니 가상으로 돈을 쌓는 것처럼 장부에 기재합니다. 이후 연금을 줄 때 물가와 경제성장률을 계산해서 주는 것이죠. 그래서 '명목' 확정기여입니다.

이 전환은 사실상 연금의 급여 수준을 깎으려고 한 것입니다. 스웨덴 정부도 그렇게 말했고 실제로 깎였습니다. 명목 확정기여를 도입한 스웨덴과 이탈리아 등은 개혁 이전에 급여 수준이 높아 가능했던 것이고 우리나라는 연금 수준이 낮아 더 깎여서는 안 됩니다. 노후 보장 기능을 조금이라도 높이는 게 이상적이지요.

원래 확정기여라는 단어는 '민간 연금'에서 쓰는 단어입니다. 예를 들어 노동자 만 명이 있는 회사에서 확정급여형 퇴직연금을 운용한다고 가정해 봅시다. 만 명을 대상으로 보험금을 걷고 기금 운용을 할 때 실수로 인한 손실은 회사가 책임을 지고 손실이 근로자에게 전가되지 않도록 하는 것이 확정급여입니다. 회사를 옮겼을 때 양쪽 운용 규칙이 다르다면 골치가 아프겠죠.

반면 확정기여는 내는 것은 정해져 있고 받는 돈은 정해져 있지 않습니다. 운용상의 실수가 생겼을 때 받는 사람이 손실을 봅니다. 대신 회사를 옮겼을 때 가지고 다니기 편하겠죠.

기업연금에 쓰는 단어를 90년도 중반 세계은행이 연금 민영화를 주장하며 공적연금에도 쓰기 시작했습니다. 정부가 운용하는 기금인데 손실을 봤다고 적게 받는 것이 말이 되나요? 공적연금은 확정급여여야 합니다. 퇴직한 세대가 생활할 수 있도록 그 전의 생활 수준을 보장해 주는 것이 목적이지 낸 만큼 받는 것이 어디 있습니까.

확정기여나 명목 확정기여는 사실상 연금의 민영화라고 생각합니다.

'지속 가능한 연금' 개혁 성공한 스웨덴… 무엇이 달랐을까

울레 세테르그렌 스웨덴 연금청 연금분석부장. ©스웨덴 연금청

지속 가능한 연금 개혁에 성공했다고 평가받는 스웨덴에 방문했습니다. 스톡홀름대학교의 교수·연구원과 거리의 시민들을 직접 만나 연금에 관한 이야기를 들을 수 있었습니다. 일정상의 문제로 연금청에 방문하진 못했지만, 관계자와 서면으로 이야기를 나눴습니다.

울레 세테르그렌 스웨덴 연금청 연금분석부장은 "평균 수명의 증가, 약한 근로 유인, 연금제도가 사회의 경제적 발전과 연결되지 않았기 때문에 기존 연금제도가 유지된다면 미래엔 상당한 비용이 들어갈 것으로 분석했습니다"라며 연금 개혁의 배경을 설명했습니다. 그러면서 '근로에 따른 인센티브'와 '정치적 영향을 받지 않는 자율성'을 새로운 연금제도의 중요한 원칙으로 꼽았습니다.

재정위기와 고령화가 맞물리며 연금 고갈에 직면했던 스웨덴은 1998년 급진적 개혁으로 재정안정에 성공한 바 있습니다. 스웨덴 연금 개혁의 핵심은 기존 DB형을 명목 확정기여형(NDC형)으로 개혁한 것입니다. NDC형은 개인이 낸 보험료 원금이 가상계좌에 명목상 적립·운용됩니다. 사실상 본인이 낸 만큼 돌려받게 되는 방식입니다. 또한 공적연금에 사적연금을 더해 재정 부담을 덜고, 최저 연금을 도입해 소득재분배 기능을 하도록 했습니다. 우리나라의 국민연금과 유사한 소득 연금, 강제가입 사적연금인 프리미엄 연금, 우리나라의 기초노령연금과 유사한 최저 보장 연금으로 운영되죠. 스웨덴의 공적연금 보험료율은 18.5%로 9%인 우리나라보다 높습니다. 이 중 16%는 소득 연금에 2.5%는 프리미엄 연금에 배치됩니다.

[그림 18] 스웨덴 노후소득보장체계

스웨덴 노후 소득 보장 체계 ©국회예산정책처 〈공적연금 개혁과 재정 전망〉

보험연구원 〈스웨덴 연금 구조개혁 성과와 시사점〉에 따르면 구조개혁 후 소득 연금의 연금 수입과 지출은 균형을 이루고 있습니다. 프리미엄 연금의 연평균 수익률은 7.5%로 소득 연금의 2배 이상입니다. 구조개혁 후 지속 가능성과 소득 보장 모두 성과를 낸 것이죠. 세테르그렌 연금분석부장은 "소득 연금과 프리미엄 연금은 서로 보완하는 관계로, 한쪽의 연금액이 높아지면 다른 쪽의 연금액이 낮아지거나 그 반대의 경우도 발생할 수 있습니다"라고 설명했습니다.

또한 스웨덴은 기대수명의 증가나 경제 상황의 변화에 대처하기 위해 자동 조정장치를 1999년 도입했습니다. 연금 부채가 자산보다 커지면 재정이 균형을 이룰 때까지 지급액을 줄이는 시스템입니다.

어떻게 스웨덴은 복잡한 연금 개혁을 두고 정치적 합의를 끌어낼 수 있었을까요? 세테르그렌 연금분석부장은 의회의 다수당이 바뀌더라도 개혁이 지속될 수 있도록 폭넓은 지지를 확보하는 것이 가장 중요했다고 말합니다. 1991년 연금 개혁위원회를 결성한 1994년 스웨덴은 의회에 입성한 7개 정당 중 5곳이 합의한 연금 개혁법안을 마련했습니다. 세부 사항을 협상하는 과정에서도 스웨덴은 '다수의 합의'를 고수했는데요. 그는 "모든 당사자가 전체를 지지할 수 있도록 합의에 기반했습니다"라며 "개혁 이후에도 제도를 보호하기 위해 정당들로 구성된 연금 그룹이 존재했고 이는 도움이 됐습니다"라고 평했습니다.

문답 속 일문일답 ③

울레 세테르그렌(Ole Settergren)
스웨덴 연금청 연금분석부장

Q 스웨덴의 연금 개혁에 있어 무엇이 가장 중요하다고 생각하시나요?

A 과거 연금 시스템은 향후 상당한 비용이 소요될 것으로 계산되어 너무 비싸다고 여겨졌습니다. 기대수명의 증가, 약한 근로 유인, 연금제도가 사회의 경제 발전과 연계되지 않았기 때문이었습니다. 새로운 연금 시스템에서는 기대수명에 따라 연금 액수가 조정됩니다. 즉, 수명이 늘었기 때문에 개인은 더 오래 일하며 연금 인출 시기를 늦춰야 하는 것이죠.

새로운 연금제도에서는 근로 유인(Work Incentives)이 가장 중요한 원칙이었습니다. 또 자율적이며 정치적 결정에 영향을 받지 않게 운영되도록 했습니다. 정치적 결정으로 연금제도가 변경되는 것을 방지하기 위한 중요한 원칙이었습니다. 재정안정을 위해 연금을 경제 성장과 연계했습니다.

경제가 좋은 시기에는 나쁜 시기보다 연금이 더 많이 증가합니다. 또한, 적자 상황에 대비하여 연금액을 낮추는 균형 메커니즘도 도입되었습니다.

새로운 연금제도가 도입되어 개인이 금융 시장 펀드에 돈을 넣을 수 있게 되었습니다. 소득 연금과 프리미엄 연금은 서로 보완적인 관계로, 소득 연금 가치가 상승했을 때 프리미엄 연금은 하락하는 경우가 많으며 그 반대의 경우도 있습니다. 기초연금은 소폭 인상됐고 이전과 달리 세금을 부과하기 시작했습니다. 새로운 연금제도가 도입될 때, 은퇴자들이 활동 중인 근로자들과 같은 소득세를 납부해야 한다는 원칙이 있었습니다.

앤 조피 뒤벤더(Ann-Zofie Duvander) 스톡홀름대학교 사회학과 교수는 "스웨덴 연금 개혁은 개인이 자신의 연금을 위해 일하게 만드는 방식으로 변경입니다"라며 "대체로 의도했던 방향으로 일관성 있게 작동하고 있습니다"라고 말했습니다. 게르다 네이어(Gerda Neyer) 스톡홀름대학교 사회학과 연구원도 여기에 공감하며 "보수적인 국가들과 비교했을 때 스웨덴의 연금제도는 개인이 연금을 위해 일해야 하는 구조입니다"라고 말했죠.

또한 스웨덴 연금의 장점으로 유연성을 들었는데요. 네이어 연구원은 "반차 또는 반반차를 사용하는 것같이 연금도 실업 시 해지했다가 다시 가입해도 됩니다. 대부분 다른 국가들은 연금을 받는 나이가 되면 더 이상 연금 가입을 연장할 수 없는데 스웨덴은 수령 나이가 되어도 일자리가 있다면 더 오래 연금을 납입할 수 있습니다"라고 설명했습니다. 세테르그렌 연금분석부장이 말한 '근로에 따른 인센티브'가 적용될 수 있는 환경의 예인 것입니다. 물론 이에 따른 문제점도 있습니다. 주부로 일생을 살아온 기성세대 여성의 경우 본인의 연금을 쌓지 못한 경우가 많고, 이민자들 역시 연금에 대한 충분한 준비가 부족하므로 경제적으로 취약한 상황에 놓이게 되죠.

최저연금 수급액을 둘러싼 논쟁도 있었습니다. 스웨덴에서는 연금 최저액수를 보장하는데요. 이 금액이 소득이 낮은 사람이 장기간 일했을 때 받게 되는 연금 급여액과 거의 차이 나지 않는다는 것입니다. 오랜 기간 자신의 연금에 기여했다는 사실이 인센티브로 작용해야 하는데, 임금이 낮은 직종에서 근무했다는 이유로 최저 보장 금액과 비슷한 수준의 연금을 받게 되는 것이죠. 이렇게 되면 저임금 노동자들은 일할 필요성을 느끼지 못하게 되고 연금의 지속 가능성에 좋지 않은 영향을 미치게 됩니다.

문답 속 일문일답 ④

게르다 네이어(Gerda Neyer)
스톡홀름대학교 사회학과 연구원

Q 스웨덴의 연금제도의 문제점은 무엇인가요?

A 유럽의 보수적인 국가들과 비교했을 때 스웨덴의 연금제도는 모든 국민 스스로가 자신의 연금을 위해 일하게 되어 있습니다. 유족연금도 더 이상 지원되고 있지 않습니다. 1989년 이후 45세 이상의 국민은 더 이상 유족연금을 받지 못했습니다. 모든 국민이 자신의 연금에 스스로 기여하도록 하는 것이죠.

현재 스웨덴에서 문제가 되는 것은 이민자들의 유입인데, 이는 유럽 다른 국가들에서도 비슷한 양상을 보입니다. 우리는 더 많은 젊은이가 EU 국가 내에서 이주하기를 원하지만, 모든 국가의 연금 시스템이 연계되어 있지는 않습니다. 다른 국가로 이민 가는 경우 연금을 잃는 일도 발생합니다. 연금은 국가가 운영하기 때문입니다.

또 저소득층의 낮은 연금을 둘러싼 토론이 계속되고 있습니다. 예를 들어 파트 타임으로 일했다는 이유로 소득이 낮은 경우에 연금을 받을 자격이 있는지에 대한 논의 등입니다. 스웨덴 특징 중 하나는 사회적 평등도 이루어져 있는 사회라는 것입니다. 모든 사람이 지속 가능한 좋은 생활 수준을 유지해야 한다고 믿으며, 그 누구도 가난하거나 부유하기를 원하지 않습니다. 민주주의적, 규범적 관점에서 봤을 때 사회적 평등을 유지하는 것은 아주 중요한 요소입니다. 그러나 이것을 어떻게 유지하느냐는 정치적으로 몹시 어려운 문제입니다.

문답 속 일문일답 ⑤

앤 조피 뒤벤더(Ann-Zofie Duvander)
스톡홀름대학교 사회학과 교수

Q 스웨덴의 연금제도의 문제점은 무엇인가요?

A 스웨덴에선 단 하루도 일하지 않았더라도 받을 수 있는 연금 최저수급액이 있습니다. 누구도 너무 가난해지지 않도록 정한 것이지만, 이 금액을 둘러싼 논란이 있습니다. 최저수급액이 소득이 낮은 사람이 장기간 일했을 때 받게 되는 금액과 큰 차이가 없기 때문입니다. 간호조무사나 청소부 같은 경우가 그 예입니다. 오랜 기간 일을 하며 자신의 연금에 기여했다는 것이 인센티브가 되어야 하는데 저임금 노동자의 경우 최저금액과 비슷한 액수를 수령하게 됩니다.

또한 스웨덴 민주주의 문제는 가난한 사람들의 복지를 위해 정치인들이 새로운 변화를 끌어내려고 한다는 것입니다. 그렇게 시스템이 변하면 늘 최저 보장 연금이 필요하게 되는 식의 문제가 생깁니다. 지속 가능성을 위협하는 것이죠.

육아휴직 중인 아들, 손자와 나들이를 나온 카린 씨. ©노컷뉴스

시민들의 생각이 궁금해졌습니다. 실제 연금을 받는 이들은 연금제도를 어떻게 평가할까요? 스톡홀름 거리에서 만난 토마스(Thomas) 씨는 "연금을 충분하게 받고 있어 만족하고 있습니다"라고 말했습니다. 손자와 나들이를 나온 카린(Karin) 씨도 "어릴 적 아이를 키울 때 파트 타임으로 일했기 때문에 국가 연금은 조금 부족하지만, 회사에서도 연금을 받고 있으므로 생활에 지장이 없었습니다"라며 웃었습니다.

스웨덴의 기업연금(직역연금·Occupational Pension)은 우리나라의 퇴직연금에 준합니다. 스웨덴 기업은 노동조합과의 협약을 통해 퇴직연금을 운영하는데, 개별 회사가 아닌 '단체 협약'에 의해 표준화

된 내용을 따릅니다. 4개의 대규모 기업연금 협약이 있고, 고용주가 어떤 단체 협약을 체결했는지에 따라 근로자는 그에 따른 기업연금을 받습니다. 기업은 공적연금에서도 역할하고 있습니다. 기업은 직업 급여의 31.42%에 해당하는 일반 급여 세금을 부담하고 있는데요. 그 일부는 공적연금의 재원이 됩니다. 또한 기업연금의 경우 일반 급여 세금과 별도로 급여의 10%를 초과하는 추가 비용을 부담하고 있습니다.

스웨덴 공적연금 소득대체율은 41.3%로 OECD 평균에 근접하며, 여기에 기업연금을 납입하면 기대 소득대체율은 56%~69%에 달할 것으로 나타났습니다.

스웨덴 모델, 우리나라에 적용한다면?

뒤벤더 교수는 우리나라 연금 구조의 세대 간 연대에 대해 "개인적으로 낸 만큼 돌려받는 NDC형이 좋다고 생각합니다. 출산율 변동이 심한 경우 더 그렇습니다"라고 말했습니다. 스웨덴 거리에서 만난 세실리아(Cecilia) 씨도 "삶의 방식이 다르므로 말씀드리기 어렵지만 자신의 연금을 자신이 책임지는 게 좋을 것 같습니다"라고 말했습니다. 특히 세실리아 씨는 "한국은 가족 중심 시스템으로 알고 있습니다. 스웨덴은 많은 세금을 내며 국가의 복지에 의존

스웨덴 연금제도에 대해 설명 중인 앤 조피 뒤벤더 교수 ⓒ노컷뉴스

하는 대신 가족에 책임을 묻거나 도와주는 경우가 없습니다"라며 나름의 해석을 내놓기도 했습니다.

스웨덴의 NDC형 도입이 과연 우리나라에도 이상적일까요? 우리나라에 스웨덴 모델을 우리나라에 그대로 적용하는 것엔 무리가 있습니다. 스웨덴 연금제도는 1913년 도입돼 이미 충분히 성숙한 상태고 우리나라는 1988년 도입돼 아직 성숙하지 못했기 때문이죠. 또 스웨덴의 NDC형은 연금 급여 수준을 낮추기 위해 도입된 측면이 있습니다. 당시 연금 개혁은 소득대체율을 41.3%로 낮추는 방향으로 진행됐는데요. 세테르그렌 연금분석부장은 새로운 연금제도 도입 후 소득 연금이 줄어들어 이를 보완하고자 퇴직자에 대한 소득세 인하, 기초연금 인상, 소득 연금 보완금 등의 연금 혜택을 도입했다고 밝히기도 했습니다.

자동 조정장치 도입은 어떨까요? 우리나라도 '제5차 국민연금 종합 운영 계획' 브리핑에서 자동 조정장치에 대한 국민 의견 수렴이 필요하다고 언급한 바 있습니다. 이에 오건호 내가만드는복지국가 정책위원장은 "탐재의 기본 조건은 재정안정입니다. 자동 조정장치의 도입은 급격한 보장성의 약화를 의미합니다"라고 밝혔습니다. 미래 재정 균형 취지에서는 토론할 수 있지만 연금 수급액이 낮은 현 상황에서는 실행할 수도 없을뿐더러 논의하기에도 적절치 않다는 것이죠. 김도헌 연구원도 "급여액이 많이 감소해 저소득층이 취약해질 가능성이 있습니다"라며 우려를 표했습니다. 이어 "해외의 경우 소득대체율이 충분한 상황에서 보험료율을 높여갔고, 보험료율을 높일 수 없으니, 수급액을 줄여가는 연금 정책을 펼친 것입니다"라고 설명했습니다.

결국 스웨덴 연금 개혁을 모델 삼아 방향성을 잡을 수 있겠지만, 스웨덴식 개혁이 정답이 아니라는 것입니다. 우리나라는 연금 개혁은 보장성과 재정안정 두 마리 토끼를 잡아야 하는 숙제를 안고 있기 때문입니다.

‘연속 개혁 운명’ 국민연금… ‘재정안정’과 ‘보장성’ 모두 잡으려면

그렇다면 어떻게 해야 재정안정과 노후 소득 보장, 두 마리의 토끼를 잡을 수 있을까요? 먼저 국민연금 설계상 재정안정을 위해 보험료율 상향이 불가피합니다. 1988년 국민연금 도입 당시 보험료율은 3%, 소득대체율을 70%였습니다. 아주 조금 내고 매우 많이 받는 구조였죠. 1998년 1차 연금 개혁 당시 보험료율은 9%로, 소득대체율은 60%로 조정됐고 2007년 2차 개혁 때 소득대체율은 50%로 낮아졌으며 2028년까지 0.5%p씩 낮아져 40%가 되도록 설계됐습니다.

오건호 정책위원장은 “국민연금은 내는 돈과 받는 돈의 수지 불균형이 크고 저출산 초고령화가 진행되고 있다는 불리한 두 가지 요소를 가지고 있습니다”라며 “한국의 국민연금은 ‘연속 개혁’의 운명을 타고난 것입니다”라고 설명했습니다. 오 위원장은 보험료율 인상이 시급하다며 국민연금 적자구조의 객관적 인식과 책임을 공유하려는 태도가 필요하다고 강조했는데요. 보험료율을 인상한다면 가입자들의 부담이 뒤따를 테지만 현 제도가 미래세대에 어떤 부담이 갈지를 정확하게 알린다면 공감대를 형성하고 시민들도 참여할 것이라는 기대를 보였습니다.

김도헌 연구위원도 1998년 이래로 보험료율이 9%로 유지되어 왔기 때문에 보험료율 상향은 불가피하다고 말했습니다. 김 연구위원은 가입자가 납부한 보험료액 대비 평균 수명까지 받게 될 연금 급여액의 현재 비율을 의미하는 국민연금 수익비가 1보다 큰 것을 지적했습니다. 기여한 것보다 많이 받게 되는 구조니, 상향이 필요하다는 것입니다.

<표 6> 국민연금 노령연금 신규수급자의 평균가입기간 및 실질소득대체율

(단위: 년, %)

연도	평균가입기간	실질소득대체율
2020	18.6	24.2
2030	20.4	23.2
2040	21.5	22.0
2050	23.3	22.3
2060	27.3	24.9

주: 신규수급자 기준으로 산출.
자료: 국민연금연구원 내부자료.

국민연금 신규수급자의 평균 가입 기간 및 실질소득 대체율 ©국민연금연구원 보고서

노후 소득 보장을 위해서는 소득대체율을 들여다볼 필요가 있습니다. 소득대체율은 연금 개혁에 있어 가장 견해차가 큰 부분인데요. 소득 보장성 강화론 파는 소득대체율 인상을, 재정 안정론 파는 현행 유지 혹은 인하를 주장하며 첨예하게 대립하고 있습니다.

소득대체율이란 가입 기간의 평균소득 대비 연금 지급 비율로 보장성의 수준을 의미합니다. 우리나라의 현재 소득대체율은

42.5%입니다. 가입 기간 40년 동안 평균소득이 월 200만 원이었다면 노년 때 월 85만 원을 받게 되는 것이죠. 그러나 2020년 기준 신규수급자의 실질 소득대체율은 24.2%에 불과했습니다. 평균 가입 기간이 18.6년으로 짧기 때문이죠. 국민연금연구원은 2060년 신규수급자 실질 소득대체율도 24.9%에 머물 것으로 전망했습니다. 불안정 노동자와 영세 자영업자가 많아 실제 가입 기간을 반영한 실질 대체율이 떨어지기 때문입니다.

2021년도 OECD 보고서에서 발표된 한국의 공적연금 소득대체율도 32.1%이었는데요. 이는 OECD 평균(42.2%)보다 낮은 수치입니다. 남 교수의 논문 〈한국 공적연금 소득대체율의 진실과 연금개혁의 방향〉에 따르면 기초연금을 포함해 계산해도 35.1%에 불과했습니다. 이에 남 교수는 "소득대체율 상향을 전제로 보험료율을 올려야 합니다"라고 주장했습니다. 공적연금 취지에 부합하도록 더 내고 더 받는 안을 마련해야 한다는 것입니다.

반면 오 위원장은 소득대체율 상향에 부정적 견해를 보였습니다. 그는 국민연금 안에서 해결하겠다는 협소한 시야가 보장성 강화의 물꼬를 못 트게 하는 것이라며 "법정 의무 연금인 기초연금과 국민연금, 퇴직연금을 조합해 '계층별 다층연금 체계'를 구축해 보장성의 시야를 높이면 보장성 강화를 달성할 수 있습니다"라고 설명했습니다.

소득대체율 상향이 아닌 기초연금제도 수정을 이야기하는 전문가도 있었습니다. 김도헌 연구원은 연금제도만으로는 노후 소득을 보장하기 어려우니 기초연금 대상을 좁혀 저소득층에 더 많은 혜택을 돌려야 한다고 이야기했습니다. 현행 기초연금은 65세 이상 노인 중 소득 하위 70%에게 차등 지급합니다. 최근 정부는 제5차 국민연금 종합 운영 계획에 기초연금 기준연금액을 현 30만 원에서 40만 원으로 인상하는 방안을 담았습니다.

노후 소득 보장을 위해서는 은퇴 후 연금을 받기까지 소득이 없는 기간을 의미하는 '소득 크레바스'에 대한 보완책 마련도 중요합니다. 현재 우리나라 법정 정년은 60세인데요. 통계청의 〈2023년 경제 활동 인구 조사 고령층 부가 조사〉에 따르면 중장년이 주된 직장에서 퇴직하는 실제 연령은 평균 49.4세로 조사됐습니다. 국민연금 수급 개시 연령인 63세까지 13년 6개월의 소득 공백이 생기는 것이죠. 수급 연령은 2033년 65세로 상향될 예정이라 소득 공백에 대한 부담이 더 가중될 전망입니다.

이를 보완하기 위해서는 국민연금의 가입연령 상향이 필요합니다. 현 59세인 가입연령 상한을 64세까지 확대해 연금 보험료를 더 오래 낼 수 있게 한다면 평균 가입 기간 증가에 따른 실질 소득대체율 증가 효과를 기대할 수 있고, 65세로 상향될 수급 개시 연령과 맞물리기 때문에 소득 공백을 방어할 수 있죠. 이와 함께 노동시장 개혁, 고령층을 위한 고용지원책도 필요합니다. 법정 정년을 65세까지 늦춰 오래 일할 수 있게 해야 하며 직원이 오래 일할 수 있는 환경 등을 조성해야 합니다.

세테르그렌 연금분석부장도 이러한 논의에 동의했습니다. 그는 "한국은 연금 평균 가입 기간이 짧으므로 가입 기간을 늘리는 방향으로 가야 합니다"라며 "정년을 늘리는 방식 등을 생각해 봐야 합니다"라고 밝혔습니다.

대한민국 출산·출생
팩트체크 문답

에필로그

조금씩 조금씩

"당신은 왜 아이를 낳지 않나요?"

"그냥요."

자녀가 있는 이들은 비출산을 결심한 젊은 세대에 그 이유를 묻곤 합니다. 아이가 주는 거대한 행복, 그들을 지탱하는 기꺼운 책임감 등을 설명하며 이해하지 못하겠다는 표정을 짓죠. 그것은 차라리 충고에 가까울 텐데, 젊은 세대는 심드렁한 표정으로 답합니다.

저출산으로 인구 위기에 직면한 정부는 젊은 세대에 계속해서 묻습니다. 출산 가구에 혜택을 늘리는 회유책을 사용하기도 하고 시간이 얼마 남지 않았다며 공허한 협박을 하기도 합니다. 정부의 물음에 역대 최저 출산율이라는 응답만 돌아오는 가운데 우리는 9개의 문답을 통해 "그냥요" 뒤에 생략된 이유들을 짐작해 봤습니다.

그렇게 몇 달간 한국의 저출산 현실을 분석하고, 저출산 해소를 위한 방법을 찾아보고, 저출산으로 발생할 문제점 해결 방안을 고민했습니다. 보편적 아동수당 확대, 남성 육아휴직 사용 장려 등을 통한 올바른 돌봄 문화 형성, 여성의 일과 가정이 양립할 수 있게 하는 성평등 문화 확산, 사회적 돌봄 체계 마련과 가족 친화적 기업 경영 등의 대책도 나왔습니다.

하지만 이걸로 저출산을 해결할 수 있느냐 묻는다면 "그걸 알았다면 노벨상을 받았겠지요?"라고 대답할 수밖에 없을 것입니다. 이 말은 스웨덴 스톡홀름대학교 전문가 인터뷰 당시 저출산 원인과 대책을 묻자 돌아온 대답입니다. 예상치 못한 발언을 농담으로 여기며 한바탕 웃었습니다만, 9개 질문의 답을 찾아가며 그가 왜 그렇게 답할 수밖에 없었는지 고개를 끄덕이게 됐습니다.

저출산은 사회, 경제, 문화적 요인이 복잡하게 얽힌 현상입니다. 원인을 정확히 찾기도, 그 대책을 세우기도 어렵습니다. 여러 나라들이 골머리를 앓아왔음에도 획기적인 방법을 찾지 못한 것은 이러한 이유 때문일 것입니다. 만에 하나 방법이 있더라도 각 나라의 사회문화적 배경이 다르기에 통하리란 보장도 없습니다. 또한 코로나19와 같은 예상치 못한 위기가 찾아올 수도 있죠. 그럼에도 우리는 OECD 평균 출산율이 대체출산율도 되지 않는 세계적 출산 암흑기 속 돌파구를 찾아야 합니다.

스웨덴과 프랑스 방문 때 평일, 주말 할 것 없이 거리에 아이와 함께 있는 부모를 볼 수 있었습니다. 특히 스웨덴에서는 유모차를 끌고 나온 육아휴직 중인 아빠가 넘쳐났습니다. 프랑스는 이른 시간에 아이와 집에 가는 부모가 흔했습니다. 이곳 부모는 아이 낳는 것을 두려워하지 않고 정부가 그 책임을 나눌 것임을 당연하게 생각하고 있었습니다. 개인의 희생이 아니라 정부 대책, 가족 친화적인 기업이 함께 아이를 기르고 있었죠.

부러운 마음과 초조한 마음이 동시에 들었습니다. 한국에서 인터뷰했던 출산을 포기한 부부, 출산 후 어려움을 호소하던 이들의 얼굴이 스쳐 지나갔습니다. 위안이 되는 것은 이 국가들이 저출산 해결을 위해 오랜 시간 노력을 투자했다는 것입니다. 전문가의 말이 와닿았습니다. "변화는 천천히 일어날 것이니 인내하며 올바른 방향을 세우면 출산율 반등을 꾀할 수 있을 것입니다"라는 말이 머리를 채웠습니다.

우리 정부는 2006년부터 2022년까지 저출산 예산으로 260조 원을 지출했습니다. 부모 급여 등 아동수당을 확대하고 육아휴직 사용을 장려하고, 임산부 단축근무, 난임 시술비 지원 등을 지원했습니다. 이 제도가 사회에 안착했는지, 사람들의 인식을 바꿨는지를 묻는다면 그렇다는 대답이 쉽게 나오지 않습니다. 아직 눈치 보며 정당한 권리를 행사하지 못하는 부모가 많습니다. 집값, 사교육비,

장시간 노동 보편화 등 우리 사회가 바뀌야 할 거대한 부분의 개혁은 근본적인 해결책을 내놓지 못하고 있습니다.

> "남성의 육아휴직은 1974년 도입됐으나 초기에는 누구도 쓰지 않았습니다. 20년이 지난 후에도 단 10%의 남성만이 육아휴직 수당을 수령했죠. 그래서 우리는 1995년도 육아휴직 할당제로 시스템을 개혁했고 즉시 큰 효과가 나타났습니다. 1~2년 이내에 변화가 이루어질 것이라고 기대해서는 안 됩니다. 사회의 관점과 규범을 변화시키는 데는 오랜 시간이 필요합니다."

저출산 해소를 위한 새로운 패러다임이 필요합니다. 정책을 정책으로 끝낼 것이 아니라 우리 사회의 문화로 정착시키려는 노력이 필요합니다. 저출산 정책이 제대로 기능하는지 감시해야 하며 이를 통해 새로운 인식을 심어야 합니다. 저출산 대책 마련을 위해 힘쓰고 있는 정부가 올바른 방향을 택하길 바라며 니클라스 뢰프그렌 스웨덴 사회보험청 가족 재정 대변인의 말로 글을 마칩니다. 좋은 정책은 사회적 인식을 단숨에 바꿀 수 있으며 그렇게 되기까지 정부는 끊임없이 정책을 수정해야 할 것입니다. 그리고 이 책이 그 선택에 도움이 될 수 있기를 바랍니다.